Manikandan Muthaiyan
Kamaladevi Sathasivam
Salvadora Buhroy

Culturas hortícolas menores subutilizadas

Manikandan Muthaiyan
Kamaladevi Sathasivam
Salvadora Buhroy

Culturas hortícolas menores subutilizadas

ScienciaScripts

Imprint

Any brand names and product names mentioned in this book are subject to trademark, brand or patent protection and are trademarks or registered trademarks of their respective holders. The use of brand names, product names, common names, trade names, product descriptions etc. even without a particular marking in this work is in no way to be construed to mean that such names may be regarded as unrestricted in respect of trademark and brand protection legislation and could thus be used by anyone.

Cover image: www.ingimage.com

This book is a translation from the original published under ISBN 978-3-659-85920-5.

Publisher:
Sciencia Scripts
is a trademark of
Dodo Books Indian Ocean Ltd. and OmniScriptum S.R.L publishing group

120 High Road, East Finchley, London, N2 9ED, United Kingdom
Str. Armeneasca 28/1, office 1, Chisinau MD-2012, Republic of Moldova, Europe
Printed at: see last page
ISBN: 978-613-9-83024-4

CONTEÚDO

CAPÍTULO 1   2

CAPÍTULO 2   13

CAPÍTULO 3   21

CAPÍTULO 4   32

CAPÍTULO 5   51

CAPÍTULO 6   59

CAPÍTULO 7   67

CAPÍTULO 8   76

CAPÍTULO 1

CULTURAS HORTÍCOLAS MENORES SUBUTILIZADAS

Culturas hortícolas

As culturas hortícolas são um dos ramos da horticultura que se ocupa dos produtos hortícolas. A olericultura deriva da palavra latina "oleris", que significa erva em vaso, e do inglês world culture, que significa cultivo. A olericultura significa cultivo de ervas aromáticas. No entanto, atualmente, é amplamente utilizado para indicar o cultivo de produtos hortícolas. O termo "horticultura" é mais popular para designar a olericultura no contexto atual. O termo "legume" aplica-se à planta herbácea comestível ou às suas partes, que são consumidas geralmente em estado não maduro, depois de cozinhadas.

Valor nutricional dos legumes:

Os legumes são a fonte mais barata de alimentos com agentes protectores naturais, contribuindo com vitaminas, minerais, proteínas e calorias. Fornecem também alimentos fibrosos que ajudam a melhorar a digestão e a prevenir a obstipação.

São essenciais para a regulação dos processos corporais. Encontram-se em pequenas ou grandes quantidades, na sua forma mais natural, nos legumes. Entre elas. Vitamina A - É essencial para o crescimento normal. Reprodução e manutenção da saúde e do vigor. Oferece proteção contra a constipação e a gripe e ajuda a melhorar a visão. Pode ser obtida a partir de espinafres palak, amaranto, feno-grego, cenoura, couve, alface, ervilhas e tomate. Os legumes de folha verde são ricos em carotenos, que são o precursor da vitamina A.

Complexo de vitamina -B - Tonifica o sistema nervoso e ajuda no funcionamento correto do aparelho digestivo. A sua deficiência na dieta humana resulta em "Beri Beri", uma doença e perda de apetite. Os feijões são uma fonte rica desta vitamina, as ervilhas e os espargos também são boas fontes. Vitamina - C, promove a saúde geral e a saúde das gengivas, previne o escorbuto e mantém os vasos sanguíneos em boas condições A couve, os pimentos verdes, o tomate, os espinafres, as batatas e a cenoura são boas fontes de ácido ascórbico Vitamina - D, é necessária para a construção dos ossos, prevenindo o raquitismo e as doenças dos dentes. Ajuda na calcificação dos ossos através da utilização correta do cálcio e do fósforo. Todos os legumes verdes são particularmente ricos nesta vitamina.

Vitamina - E, tem um efeito importante nas funções generativas e promove a fertilidade. As alfaces verdes e outros vegetais verdes são boas fontes desta vitamina. A vitamina -K, ajuda na coagulação do sangue e os vegetais de folha verde são uma fonte rica desta vitamina.

Minerais, dos dez elementos necessários ao corpo humano, o cálcio e o ferro são fornecidos maioritariamente pelos vegetais. Os legumes de folha são ricos em muitos minerais, como o cálcio, o ferro, o potássio e o fósforo.

O cálcio é essencial para o fortalecimento dos ossos, para a regulação do ritmo cardíaco e para o controlo dos coágulos sanguíneos. Os vegetais de folha como o amaranto, o feno-grego e os espinafres são ricos em cálcio. O ferro está largamente presente nos espinafres, na cabaça amarga, na cenoura e na cebola. O iodo está presente no dedo de moça (quiabo), na abóbora de verão e nos espargos.

O cálcio, o magnésio e o potássio são os elementos de base mais importantes para neutralizar o ácido produzido no corpo e são obtidos a partir dos vegetais consumidos.

Hidratos de carbono: os legumes como a batata, a batata-doce, as raízes como a colocásia, a tapioca, a pata de elefante e o inhame são fontes valiosas de hidratos de carbono. São alimentos que fornecem energia. Proteínas, as ervilhas e os feijões são fontes ricas de proteínas que são utilizadas na construção de novos tecidos e no crescimento do corpo (Siddareddy, 2010). Na história da humanidade, 40-100.000 espécies de plantas têm sido regularmente utilizadas para fins alimentares, fibrosos, industriais, culturais e medicinais. Atualmente, pelo menos 7000 espécies cultivadas são utilizadas em todo o mundo. Nos últimos quinhentos anos, com o aumento dos contactos entre populações díspares e o desenvolvimento de um sistema de comércio global, cerca de 30 espécies de plantas cultivadas tornaram-se intensiva e amplamente utilizadas e são agora a base de grande parte da agricultura mundial.

Muitas das espécies subutilizadas ocupam nichos importantes, adaptados às condições de risco e de fragilidade das comunidades rurais. Têm uma vantagem comparativa em terras marginais, onde foram selecionadas para resistir a condições de stress e contribuir para uma produção sustentável com insumos de baixo custo. Contribuem igualmente para a diversidade-riqueza e, por conseguinte, para a estabilidade dos agro-ecossistemas. Estas espécies têm um papel estratégico em ecossistemas frágeis, como os que se encontram em terras áridas e semi-áridas, em montanhas, estepes e florestas tropicais.

Cerca de 600 espécies constituem a diversidade global das culturas hortícolas. No entanto, atualmente, apenas um quarto é utilizado como culturas hortícolas principais e as restantes são designadas como hortícolas menores, subutilizadas, raras, comestíveis selvagens, etc. A distinção entre espécies subutilizadas e espécies de suporte de vida não é de modo algum rigorosa (Paroda et al., 1988).

Legumes subutilizados

espécies subutilizadas que podem ser traduzidas em actividades para gerar rendimentos adicionais para agricultores pobres e habitantes das florestas em ambientes menos favorecidos em todo o mundo. A chave para desbloquear o seu verdadeiro potencial reside na nossa capacidade de aproveitar os seus múltiplos usos, e as abordagens tradicionais de melhoramento de uso único não são a melhor forma de alcançar a sua plena valorização. A análise das caraterísticas de utilidade social e económica presentes nas espécies subutilizadas deve, por conseguinte, receber a devida atenção e ser objeto de uma análise aprofundada. Os mecanismos locais que apoiam a implantação da diversidade útil devem ser reforçados. As "fileiras domésticas" (em grande parte geridas por mulheres), construídas em zonas rurais e florestais tipicamente em torno de utilizações múltiplas da mesma cultura, devem ser reforçadas ou estabelecidas de novo, caso já não existam. Estas cadeias, que ligam os agricultores aos utilizadores finais, desempenham um papel fundamental na garantia de receitas para as comunidades rurais, alimentando assim o próprio mecanismo que manterá a diversidade destas espécies no terreno.

O potencial de algumas espécies subutilizadas para se tornarem culturas de base

A transformação de uma espécie subutilizada numa mercadoria é geralmente vista como um objetivo demasiado ambicioso no seu processo de promoção. Um produto de base não tem de ser necessariamente um produto de base global (como no caso do kiwi, Actinidia sinensis). Se forem realizados investimentos adequados em I&D (incluindo marketing e comercialização), é provável que os esforços aumentem os rendimentos económicos destas espécies a nível nacional, regional ou internacional. É o caso, por exemplo, do trigo descascado (Triticum monococcum, T. dicoccum) que, graças às tecnologias de transformação (que permitem a utilização da farinha para o fabrico de bolachas e massas) e às estratégias de comercialização (que salientam as suas práticas de cultivo com poucos factores de produção), reavivou dramaticamente o seu cultivo em Itália e suscitou interesse em países tão distantes como a Austrália. Do mesmo modo, a rúcula picante (Eruca sativa e Diplotaxis), tão popular a nível local em todo o Mediterrâneo, está a aumentar o seu nível de utilização em Itália, graças aos esforços de investigação dos últimos anos para melhorar as práticas agrícolas e a sua comercialização (melhores sistemas de embalagem permitiram o acesso a novos mercados fora das áreas tradicionais de distribuição). A rosela (Hibiscus sabdariffa), conhecida há séculos na África Subsaariana, acabou por se tornar uma bebida bem estabelecida na Europa graças a estratégias de marketing simples; o quiabo (Abelmoscus esculentus), um legume tradicional africano, é agora aceite na maioria dos mercados de todo o mundo (no entanto, isto foi conseguido sem grandes investimentos, mas sim com base em estudos de interesse dos consumidores e em estratégias de comercialização); a procura de resinas e gomas naturais de alta qualidade contidas nas sementes da alfarrobeira (Ceratonia siliqua, uma espécie polivalente da região mediterrânica) está a gerar uma procura significativa de mercado para as vagens desta árvore e está a contribuir sensivelmente para a redescoberta desta valiosa espécie.

As espécies subutilizadas são essencialmente orientadas para o mercado

As espécies orientadas para o mercado geram rendimentos em dinheiro e podem, portanto, recorrer a factores de produção externos. Para estas espécies, embora o investimento público se justifique nas fases iniciais de desenvolvimento, é de esperar que o sector privado assuma o financiamento da investigação e do desenvolvimento a médio e longo prazo. Para as espécies subutilizadas que são importantes para a agricultura de subsistência e, por conseguinte, não geram rendimentos em dinheiro, não é realista esperar um acesso a factores de produção externos. Para estas espécies, as actividades de investigação e desenvolvimento também terão de ser financiadas pelo sector público. Reconhece-se, no entanto, que algumas espécies que são importantes para a agricultura de subsistência podem ter um potencial de mercado e podem ser desenvolvidas em culturas orientadas para o mercado, caso em que podem ter acesso a insumos externos e, mais tarde, a investimentos do sector privado. De acordo com o IPGRI (Padulosi et al., 1999), as culturas subutilizadas são as espécies cultivadas em sistemas de produção locais, onde estão altamente adaptadas a uma série de nichos ecológicos. As hortaliças, que não são cultivadas comercialmente em grande escala nem comercializadas amplamente, podem ser chamadas de hortaliças subutilizadas. Estas culturas são cultivadas, comercializadas e consumidas localmente. A popularidade destas culturas hortícolas varia de cultura para cultura e de localidade para localidade, o que, no entanto, pode ser melhorado em grande medida através da publicidade.

As plantas subutilizadas são as espécies com potencial subexplorado para contribuir para a segurança alimentar, a saúde (nutricional/medicinal), a geração de rendimentos e os serviços ambientais (Anon., 2006), enquanto as indígenas se referem a espécies ou variedades de culturas genuinamente tradicionais de uma região onde, ao longo de um período de tempo, evoluíram, embora as espécies possam não ser tradicionais.

As espécies subutilizadas (National Academy of Sciences) são aquelas que se acredita terem um potencial de expansão para além da sua atual área de cultivo e/ou forma de utilização. Algumas, como algumas das culturas perdidas dos Incas (National Research Council, 1989), foram amplamente cultivadas no passado e deram lugar a alternativas agronómicas ou comercialmente mais atractivas.

Méritos dos vegetais subutilizados

T São mais fáceis de cultivar e mais resistentes na natureza.

P Produção de uma cultura mesmo em condições edafoclimáticas adversas.

M A maior parte deles são fontes muito ricas de vitaminas, minerais e outros nutrientes, como hidratos de carbono, proteínas e gorduras.

Uma vez que as culturas hortícolas subutilizadas têm uma longa história de consumo, a população local está consciente das suas propriedades nutricionais e medicinais.

M Além disso, são baratos e estão facilmente disponíveis.

Necessidade de culturas hortícolas subutilizadas

A Índia é um dos países com crescimento mais rápido em termos de população e economia, com uma população de 1.139,96 milhões de habitantes (2009) e um crescimento anual de 10-14% (de 2001 a 2007). O crescimento do Produto Interno Bruto da Índia foi de 9,0% entre 2007 e 2008; desde a independência em 1947, o seu estatuto económico tem sido classificado como um país de baixos rendimentos, com a maioria da população no limiar da pobreza ou abaixo dele. Embora a maioria da população continue a viver abaixo do limiar de pobreza nacional, o seu crescimento económico indica novas oportunidades e um movimento no sentido do aumento da prevalência de doenças crónicas, como as doenças cardíacas, o cancro e a diabetes de tipo II, juntamente com a presença de doenças infecciosas, como a pneumonia e a tuberculose, que se observa em taxas elevadas nos países desenvolvidos, como os Estados Unidos, o Canadá e a Austrália. O aumento do rendimento permitiu que as pessoas que vivem em zonas urbanas tivessem acesso a uma maior variedade de estabelecimentos alimentares, pudessem pagar transportes e outros luxos da sociedade ocidental, o que levou a um aumento do consumo de comida rápida e a um estilo de vida mais sedentário.

[nd]O Banco Mundial calcula que a Índia ocupa o segundo lugar no ranking mundial do número de crianças que sofrem de malnutrição, a seguir ao Bangladesh. As Nações Unidas estimam que 2,1 milhões de crianças indianas

morrem todos os anos antes de atingirem os 5 anos de idade - quatro por minuto - principalmente devido a doenças evitáveis como a diarreia, a febre tifoide, a malária, o sarampo e a pneumonia. Todos os dias, 1.000 crianças indianas morrem só por causa da diarreia (relatório do Banco Mundial de 2009). O relatório do Índice Global da Fome (GHI) de 2011 classificou a Índia em 15.º lugar entre os principais países em situação de fome.

Importância das culturas hortícolas subutilizadas

Critérios para dar prioridade às espécies subutilizadas

No âmbito dos objectivos globais da segurança alimentar, da eliminação da pobreza e da sustentabilidade ambiental, as espécies subutilizadas devem ser selecionadas com base na sua capacidade de melhor responder a esses desafios:

Segurança alimentar: Deve ser dada atenção tanto à quantidade como à qualidade dos alimentos. As espécies subutilizadas oferecem um potencial inexplorado para contribuir para a luta contra a subnutrição. A sua maior utilização pode contribuir para uma melhor nutrição (a vitamina C no fruto da cereja de Barbados - Malpighia glabra - é mais de dez vezes superior à do kiwi - notoriamente muito rico neste micronutriente; o valor nutricional dos grãos de chenopódio dos Himalaias, Chenopodium spp. é superior ao da maioria dos principais cereais). A tónica deve, pois, ser colocada nas espécies que apresentam vantagens comparativas no fornecimento de melhores alimentos, que são acessíveis aos pobres e mais disponíveis no tempo e no espaço.

Eliminação da pobreza: As utilizações múltiplas oferecem maiores oportunidades de aumentar o rendimento das populações locais através da diversificação de produtos vegetais valiosos. Quanto maior for o número de utilizações, maiores serão as possibilidades de reforçar os mercados locais e contribuir para melhorar o bem-estar das populações. Em termos de números, as 3.000 espécies vasculares de importância económica4 registadas fazem parte de um cabaz de diversidade muito maior, em grande parte inexplorado pela I&D. Quanto aos números relativos à geração de rendimentos, estima-se que a utilização de produtos florestais menores na Índia emprega, no seu conjunto, mais de 10 milhões de pessoas por ano. Sustentabilidade ambiental: As espécies subutilizadas têm capacidade reconhecida para crescer em zonas marginais. Os critérios de seleção devem, por conseguinte, ter em conta as suas vantagens comparativas para travar a erosão dos solos, contribuir para a reabilitação das terras, capacidade de resistir a solos difíceis (excesso de sal, falta de água, etc.), contribuir para a manutenção de ecossistemas equilibrados e capacidade de tolerar o calor, o frio e outras pressões abióticas.

Propriedades medicinais

A informação sobre as utilizações medicinais primitivas e indígenas de plantas na Índia é vasta e está amplamente dispersa. Na Índia, as plantas medicinais têm grande importância na prestação de cuidados de saúde a cerca de 80 por cento da população. Vários legumes subutilizados possuem várias propriedades medicinais desejadas. As folhas de baqueta são utilizadas como medicina tradicional para o tratamento da hipertensão. O Coleus forskohlii pode tornar-se um bom agente anti-hipertensivo (Rastogi e Dhavan, 1982). O consumo de folhas de Polygonum plebeium como vegetal melhora a lactação. A lista de legumes/legumes subutilizados com atividade farmacológica significativa é apresentada no quadro

Vegetal subutilizado com propriedades medicinais

S.No.	Vegetables	Family	Activity
1.	*Boerhaavia diffusa*	Nyctaginaceae	IUCD
2.	*Cissus quadrangularis*	Vitaceae	Analgesic
3.	*Coleus forskohlii*	Labiatae	CNS depressant, Hypotensive
4.	*Costus speciosus*	Costaceae	Hypotensive
5.	*Cyamopsis tetragonoloba*	Papilionaceae	Hypoglycaemic, Hypolipidaemic
6.	*Gymnema sylvestris*	Asclepiadaceae	Hypoglycaemic
7.	*Mollugo cerviana*	Molluginaceae	Cardiostimulant
8.	*Momordica charantia*	Cucurbitaceae	Hypoglycaemic, Hypolipidaemic
9.	*Solanum melongena*	Solanaceae	Anagesic, CNS depressant
10.	*Trianthema portulacastrum*	Aizoaceae	Anagesic, Antipyretic

Rastogi e Dhavan, (1982)

Produção de produtos hortícolas fora de época

A sazonalidade da oferta de produtos hortícolas traduz-se na sazonalidade dos preços e, em última análise consumo . A diversificação através da utilização de espécies vegetais mais subutilizadas e a

A utilização de rebentos ou de legumes transformados é uma resposta possível a este problema. Provavelmente existe diversidade suficiente para permitir planear sucessões de espécies para fornecer legumes durante todo o ano. A AVRDC concebeu hortas caseiras utilizando uma variedade de espécies vegetais subutilizadas para este fim. A germinação é outra forma de tornar os legumes disponíveis durante a época baixa. As sementes podem ser armazenadas e germinadas durante os períodos em que os vegetais são escassos. As microverduras também estão a ganhar popularidade.

Rendimento adicional para os agricultores

Num inquérito realizado nos Camarões e no Uganda, verificou-se que os produtos hortícolas indígenas subutilizados são importantes para a geração de rendimentos no sector da produção de subsistência. Elas proporcionaram uma oportunidade significativa para as pessoas mais pobres ganharem a vida, como produtores e/ou comerciantes, sem exigir grandes investimentos de capital. O mesmo estudo mostrou que o volume de produção e o número de comerciantes de produtos hortícolas autóctones tinha aumentado em resposta ao crescimento das populações urbanas ou à crise económica que forçou os consumidores a mudar para alternativas mais baratas nas suas dietas. No entanto, existem relatórios contraditórios sobre a rendibilidade da comercialização de produtos hortícolas autóctones. O estudo africano mostra que os produtos hortícolas autóctones subutilizados têm menores necessidades de capital, tornando o seu mercado altamente competitivo e implicando lucros mais baixos. No entanto, para alguns produtos hortícolas autóctones subutilizados, a sua produção pode ser altamente rentável porque requer menos factores de produção comprados, amadurece mais rapidamente e pode ter um período de colheita mais longo em comparação com a maioria das espécies introduzidas.

Biodiversificação para a segurança alimentar, nutricional e de rendimentos

A observação de Watson e Heywood (1995) sobre a diversidade dos alimentos de base pode aplicar-se também aos produtos hortícolas:

(1) Os agricultores tradicionais minimizam o risco plantando uma variedade de culturas que amadurecem em diferentes alturas do ano;

(2) A monocultura pode acentuar as carências sazonais, ao passo que a intercultura tradicional diminui o risco de longos períodos sem alimentos suficientes; e

(3) As culturas são plantadas para ter em conta a imprevisibilidade das chuvas, a infestação de insectos e as diferentes taxas de maturação. Este sistema diversificado assegurará que serão sempre produzidos alimentos para venda e consumo familiar. A diversidade das culturas está relacionada com a diversidade da dieta e, em última análise, com o estado nutricional. Nas diretrizes dietéticas da África do Sul, dá-se ênfase à diversidade. Acredita-se que quanto maior for a variedade da dieta, maior será a possibilidade de alcançar uma nutrição óptima. As bases destas diretrizes são a evidência de que a variedade alimentar está associada à longevidade.

Capacidade de adaptação de hortaliças subutilizadas a condições edafoclimáticas adversas

Os legumes subutilizados possuem uma capacidade sem precedentes de resistir a várias condições de stress, como solos vulneráveis, stress de humidade e temperaturas desfavoráveis (Dent, 1980). Um grande número de hortaliças subutilizadas mostrou-se bem promissor para a utilização de solos marginais, vastas áreas que, de outra forma, estariam estéreis como terrenos baldios. A utilização destas terras marginais ajudará a aumentar o abastecimento de produtos hortícolas sem entrar em conflito com as prioridades alimentares. Os produtos hortícolas considerados adequados para os solos alcalinos são o Agathi (Sesbania grandiflora), o Amaranthus (Amaranthus spp.), a Baqueta (Moringa oleifera) e o Feijão-de-asa (Psophocarpus tetragonolobus).

Alguns dos legumes subutilizados estão totalmente adaptados ao excesso de humidade, a condições de alagamento ou de inundação. Os legumes considerados adequados para condições propensas a inundações são Achyranthes spp., Alternanthera philoxeroides, Aponogeton echinatum, Aponogeton crispum, Aponogeton natans, Colocasia spp. e Enydra fluctuans. A fome é uma catástrofe natural que afectou gravemente a civilização humana em diferentes partes do mundo. Vegetais subutilizados, que foram considerados adequados para condições de escassez e fome. Alguns dos vegetais de folha adequados para condições de fome são Chandlai (Amaranthus gracilis), Lal Chaulai (A.hybridus), Kesudo (Cassia occidentalis), Tulsi (Ocimum basilicum), Mota Sata

(Boerhaavia spp.). Leguminosas subutilizadas, como o Bekario (Indigofera spp.).

O subcontinente indiano é bem conhecido como um importante centro de origem e diversidade de um grande número de culturas agro-horticolas. Mais de 18.000 espécies de plantas com flor são nativas desta região. Estas consistem em mais de 160 espécies domesticadas de importância económica, juntamente com 920 espécies de formas selvagens ancestrais de parentes próximos e também cerca de 800 espécies de interesse etonobotânico. As áreas importantes de diversidade subutilizada são as seguintes (Arora, 1995; Arora e Pandey, 1996; Gautum e Ganogopadhyay, 1998).

Principais problemas para os trabalhos de investigação e desenvolvimento sobre as culturas horticolas subutilizadas

Problems	Outputs required	Relevant activities
1. Lack of genetic material	Improved availability of seed and other planting materials. Improved planting materials derived from traditional varieties.	Set up local germplasm supply systems among rural communities. Initiate participatory and other programmes to obtain clean planting materials and improved varieties.
2. Loss of germplasm and traditional knowledge	Resource base of selected species secured through *exsitu* and on farm conservation. Appropriate traditional knowledge documented and shared among stakeholders.	Assess distribution of species and genetic erosion threats. Sample germplasm for *ex situ* maintenance and use. Implement on farm conservation through community-based actions. Identify and collate traditional knowledge using participatory procedures based on informed consent (including e.g. recipes on uses).
3. Lack of knowledge on uses, constraints and opportunities	Enhanced information on production levels, use constraints. Knowledge of gender and other socially significant factors identified.	Participatory surveys on uses. Analysis of survey data for gender and other socially significant factors.

4. Limited income generation	Strategies for adding value and increasing rural incomes using target crops. Enhanced competitiveness of selected crops.	Development of value adding strategies (through processing, marketing, commercialization etc.) Investigate and identify improved agronomic and production procedures.
5.Market, commercialization and demand limitations	Enhanced working alliances among stakeholders in "filieres". Improved processing and marketing opportunities identified, Improved capacities of marketing associations and producer groups.	Strengthen operational links in the "filieres" between seed supply system. Develop improved low-cost processing techniques. Analyze and identify market opportunities.
6. Lack of research and development activities and weak national capacities	Enhanced national capacities to work with neglected and underutilized crops. Enhanced information and knowledge on the selected neglected and underutilized crops. Methods to improve nutritional values developed and documented.	Carry out short training courses on what for researchers. Develop and undertake community-based participatory courses. Characterize crops for agronomic, nutritional and market related traits. Study formal and informal classification systems. Investigate methods of maintaining. Investigate new areas of crop growth.

7. Lack of links across conservation and production to consumption "filieres"	*"Filieres"* established or strengthened. Participatory networking procedures established.	Hold planning workshops for all stakeholders. Establish and strengthen operational links between stakeholders.
8. Inappropriate (inadequate) policy and legal frameworks	Raised awareness among policy-makers of issues and options for improved policy and legal frameworks. Links to existing rural and economic development projects enhanced.	Identify inappropriate policy/legal elements. Undertake public awareness actions among policy-makers. Establish close partnerships with extension workers and others involved in agricultural development.

Melhoria dos produtos hortícolas subutilizados

Lista das organizações envolvidas na consulta

- Conselho de Investigação Agrícola do Paquistão (PARC).

- Instituto de Investigação de Frutas e Legumes, Vietname (RIFAV).

- O Instituto de Tecnologia Industrial, Sri Lanka (ITI).

- Centro de Empresas Agrícolas, Nepal (AEC).

- Conselho de Investigação Agrícola do Nepal (NARC).

- BAIF Development Research Foundation, Índia.

- Fundação de Investigação MS Swaminathan, Índia.

- Secretariado da Comunidade do Pacífico (SPC), Fiji.

- PEDIGREA (Participatory Enhancement of Diversity of Genetic Resources in Asia).

- Instituto Nacional de Investigação Agrícola (NARI) da Papua-Nova Guiné (PNG). Organizações internacionais

- Instituto Internacional dos Recursos Fitogenéticos (IPGRI).

- Programa de Recursos Genéticos do Sistema CGIAR (SGRP).

- Unidade de Facilitação Global para Espécies Subutilizadas (GFU).

- Universidade de Nottingham, Reino Unido.

- Centro Internacional de Agricultura Tropical (CIAT).

- AVRDC-Centro Vegetal Mundial.

- Organização das Nações Unidas para a Alimentação e a Agricultura (FAO).

Principais iniciativas internacionais sobre espécies subutilizadas

1. Instituto Internacional dos Recursos Fitogenéticos (IPGRI), Roma, Itália.

2. Conservação e utilização de PGR de culturas negligenciadas e subutilizadas (Gabinete SSA).

3. Conhecimentos indígenas, género e nutrição de vegetais de folhas verdes em África (Gabinete SSA).

4. Conservação em casa de culturas subutilizadas e negligenciadas (Americas Office).

5. Investigação participativa em conservação de PGR e utilização de culturas subutilizadas e negligenciadas.

6. Organização das Nações Unidas para a Alimentação e a Agricultura (FAO), Roma, Itália.

7. International Centre for Underutilized Crops (ICUC), Southampton, Reino Unido Rede Regional de Recursos Genéticos Tropicais (TROPIGEN).

8. Centro de Novas Culturas e Produtos Vegetais, Universidade de Purdue, EUA.

A contribuição do IPGRI

O IPGRI tem liderado, ao longo dos últimos anos, actividades específicas a nível nacional e internacional para uma melhor conservação e utilização de espécies subutilizadas e negligenciadas. As suas actividades nesta área abrangem projectos implementados em parceria com programas nacionais de países de todo o mundo.

Esforços do IPGRI em espécies subutilizadas

O envolvimento do IPGRI com espécies negligenciadas e subutilizadas é consistente com a missão do Instituto e coerente com uma das suas 8 principais opções estratégicas, nomeadamente o "Aumento da utilização dos recursos fitogenéticos". Este trabalho também contribui para a implementação do Plano de Ação Global da FAO. A estratégia do IPGRI para enfrentar os desafios da promoção de espécies subutilizadas e negligenciadas baseia-se na premissa de que quanto mais ampla for a utilização da diversidade genética vegetal na agricultura, mais equilibrados e sustentáveis serão os padrões de desenvolvimento.

IPGRI para o melhoramento de culturas subutilizadas

i. Melhorar a conservação através da utilização dos recursos fitogenéticos de uma gama mais vasta de espécies úteis.

ii. Reforçar o trabalho de outras agências que estão a trabalhar na documentação, avaliação e domesticação de espécies negligenciadas ou subutilizadas.

iii. Reforçar a investigação sobre a escolha das espécies com base em factores estratégicos para a conservação, o desenvolvimento e a segurança alimentar.

iv. Estabelecer as prioridades para a investigação, o desenvolvimento e a conservação de espécies negligenciadas e subutilizadas no contexto das estratégias nacionais e mundiais para uma agricultura sustentável, para melhorar os meios de subsistência das populações rurais pobres e para alargar as bases da segurança alimentar.

CAPÍTULO 2

VEGETAIS SOLANÁCEOS

Solanaceae é uma família de plantas com flor da ordem Solanales, caracterizada por flores de cinco pétalas, tipicamente cónicas ou em forma de funil, e folhas alternas ou alternas a opostas, e que inclui algumas das plantas mais importantes para a produção de alimentos e medicamentos, incluindo a batata, o tomate, a beringela, o tabaco, a malagueta e a erva-moura. Esta família é conhecida como a família da batata ou da erva-moura, e o nome erva-moura é por vezes utilizado como nome comum em geral para as plantas desta família, embora muitas vezes o nome erva-moura seja reservado para os membros do género Solarum. A família Solanaceae inclui cerca de 75 géneros e mais de 2000 espécies de ervas, arbustos e pequenas árvores, distribuídas nas regiões temperadas e tropicais do mundo. Para fins hortícolas, esta é uma das famílias mais importantes, na qual a batata, o tomate, a beringela, a malagueta e o pimento ocupam um lugar de destaque. Os cinco géneros desta família, nomeadamente Solanum, Lycopersicon, Capsicum, Physalis e Cyphomandra, são os mais importantes. A família Solanaceae é carateristicamente etnobotânica, ou seja, amplamente utilizada pelos seres humanos. É uma fonte importante de alimentos, especiarias e medicamentos, e muitas plantas são utilizadas como plantas ornamentais, incluindo a petúnia e a flor borboleta. Em termos de importância económica, Solanaceae é o terceiro taxon vegetal mais importante e o mais valioso em termos de culturas hortícolas. Apresenta também a maior variabilidade em termos de espécies de culturas, incluindo tubérculos (batata), frutos (tomate, beringela, pimento), folhas (Solanum aethiopicum, S. macrocarpon) e plantas medicinais (por exemplo, Capsicum). Os membros das Solanaceae fornecem estimulantes, venenos, narcóticos, analgésicos, etc.

OVINO AFRICANO (Solanum macrocarpon L.)

Beringela africana, beringela gboma

O brinjal africano é uma planta perene. Frutos (brancos) e folhas jovens (sabor amargo). Os pequenos frutos são semelhantes à beringela e são utilizados da mesma forma que a beringela e as folhas como os espinafres.

Origem e distribuição

É cultivada comercialmente nos países da Costa do Marfim, em África. Também é cultivada em Madagáscar e nas Antilhas (Yamaguchi, 1983; Messiaen, 1992).

Valores nutricionais e medicinais

Valor nutritivo da beringela africana (por 100 g de porção comestível)

S.No.	Constituents	Amount
1.	Iron	0.23mg (2%)
2.	Dietary fibre	3g
3.	Folic acid (Vit. B9)	6%
4.	Vitamin B6	0.084mg (6%)
5.	Carbohydrate	5.88g
6.	Vitamin C	2.2. mg
7.	Energy	104 KJ

FAO-US PHS, (1988)

O fruto é utilizado como laxante (para tratar doenças cardíacas), as flores são mastigadas para limpar os dentes. As folhas são aquecidas e depois mastigadas para aliviar dores de garganta. No Quénia, as raízes são fervidas e o sumo é depois consumido para matar as ténias no estômago. A raiz também é utilizada para a bronquite, dores no corpo, asma e para acelerar o processo de cicatrização de feridas e as sementes são esmagadas para tratar dores de dentes. A raiz é usada contra a bronquite, comichão e para dores no corpo. Também é usada para a asma e para curar feridas, enquanto as sementes são usadas para tratar a dor de dentes.

OVO DE JARDIM LOCAL (Solanum incanum L.)

Maçã espinhosa, maçã amarga, bola amarga

As bagas são consumidas cruas ou em conserva (Singh e Arora, 1978).

Origem e distribuição

O Solanum incanum é provavelmente originário da África Ocidental tropical e é cultivado em

África. Esta espécie é considerada como uma forma selvagem do ovo de jardim cultivado Solanum melongena L. (Singh e Arora, 1978).

Valores nutricionais e medicinais

Valor nutritivo do ovo da horta local (por 100 g de porção comestível)

S.No.	Constituents	Amount
1.	Water	92 ml
2.	Calories	29 kcal
3.	Protein	1.2 g
4.	Carbohydrates	5.0 g
5.	Fibre	1.9 g
6.	Calcium	103 mg
7.	Fat	0.7 g

FAO, (1968)

O sabor amargo reduz a palatabilidade e pode ser devido à presença de glucósidos cianogénicos. O seu efeito terapêutico contra uma grande variedade de doenças patogénicas deve-se provavelmente aos componentes fitoquímicos flavonóides, saponina e oxalato.

SOMBRA NEGRA DA NOITE (Solanum nigrum L.)

Erva-moura negra, duscle, erva-moura de jardim, mirtilo de jardim, baga de cão de caça, morel de estimação, baga maravilha, popolo

Os frutos (bagas maduras) e as folhas cozidas das variedades comestíveis são utilizados como espinafres. As folhas e os rebentos jovens são utilizados em sopas.

Origem e distribuição

A beladona nativa da África Ocidental tropical é considerada uma erva daninha comum. Na Índia, está amplamente distribuída nas planícies e até 3000 metros de altitude nos Himalaias ocidentais. A beladona é cultivada na África Ocidental e na Ásia tropical.

Valores nutricionais e medicinais

Valor nutritivo das folhas de sombra negra nocturna (por 100g de porção comestível)

S.No.	Constituents	Amount
1.	Protein	5.9 g
2.	Fat	1.0 g
3.	Minerals	2.1 g
4.	Carbohydrates	8.9 g
5.	Calcium	410 mg
6.	Phosphorous	70 mg
7.	Iron	20.5 mg
8.	Vitamin C	11 mg

Gopalan et al., (1987)

Proteínas, fibras brutas, hidratos de carbono, vitaminas A, B, C, E, ácido fólico, minerais, nomeadamente Mg, K, Ca, Fe, Na, Mn e Zn. As infusões são utilizadas em disenteria, problemas de estômago e febre. Os frutos são utilizados como tónico, laxante, estimulante do apetite, para tratar a asma e a sede excessiva. Planta utilizada para tratar a tuberculose. É considerado um anti oxidante, anti-inflamatório, diurético e antipirético. É um agente anti-cancerígeno, agente refrescante para inflamações, micose, úlceras, inchaço testicular, gota e dores de ouvido. É utilizada para tratar convulsões. As folhas frescas esmagadas para apagar a dor e reduzir a inflamação e também podem ser aplicadas para queimaduras e úlceras. A raiz, o caule, a flor e os frutos são muito úteis para fins medicinais. É útil em doenças de pele, emese, edema Gopalan et al., (1987).

Groselha do Cabo (Physalis peruviana L.)

Groselha do cabo, baga inca, baga asteca, baga dourada, cereja gigante, cereja africana, cereja peruana, cereja peruana, uchuva, lanterna chinesa

A groselha do Cabo é frequentemente designada por cereja moída. Os frutos são bagas de cor amarela alaranjada a castanha clara, consumidas frescas ou misturadas em saladas e cocktails de fruta. Os frutos são mais frequentemente cozidos para utilização em tartes, pudins, chutneys e gelados; os frutos cozidos também podem ser enlatados ou transformados em compota ou geleia.

Origem e distribuição

A groselha do Cabo, originária da América tropical, é cultivada na Índia, em partes da África tropical, na América do Sul (México) e em muitas outras zonas tropicais.

Valores nutricionais e medicinais

Valor nutritivo da groselha do Cabo (por 100 g de porção comestível)

S.No.	Constituents	Amount
1.	Energy	222 kJ (53 kcal)
2.	Carbohydrates	11.2 g
3.	Fat	0.7 g
4.	Protein	1.9 g
5.	Vitamin C	11 mg (13%)
6.	Calcium	9 mg (1%)
7.	Iron	1 mg (8%)
8.	Phosphorus	40 mg (6%)

Platt, (1962)

Rico em frutose e bom para os doentes diabéticos; anti-flamatório devido à presença de polifenóis e anti-oxidante; anti-asmático, anti-espasmódico, antissético, anti-helmíntico, purgativo, laxante e bom para doenças relacionadas com o estômago; controlo da hipertensão devido aos polifenóis e carotenóides e K; reduz o colesterol; benéfico contra o cancro do pulmão; boa visão e aumenta a imunidade. A planta tem propriedades medicinais. No México, uma decocção dos cálices é utilizada para curar a diabetes. Na Colômbia, a decocção das folhas é tomada como diurético e antiasmático. Na África do Sul, as folhas aquecidas são aplicadas como cataplasma em inflamações e os Zulus administram a infusão das folhas como um enema para aliviar as doenças abdominais nas crianças (Verheij e Coronel, 1991).

JILO (Solanum gilo)

A beringela escarlate, fruto verde é conhecida como Gilo/Jilo

Dá frutos esféricos e de sabor amargo, que são comestíveis. Na Nigéria, os rebentos jovens, de sabor amargo, são utilizados para fazer sopa (Yamaguchi, 1983).

Origem e distribuição

O jiló é uma planta provavelmente originária da África Central. O jiló é considerado uma cultura importante na Nigéria, enquanto no Brasil Central e Meridional é uma cultura menor.

Valor nutricional e medicinal

Baixo valor calórico, vitamina A, B, C e minerais como Ca, Mg, Fe, P e K. Propriedades anticancerígenas; previne o cancro colorrectal e a obstipação; regula a tensão arterial; promove a higiene oral e um hálito saudável; bom para diarreia e anemia, queimaduras e dermatites.

NARANJILLO (Solanum quitoense Lamk)

Os seus frutos são consumidos frescos ou preparados. Os frutos são também utilizados para aromatizar gelados e para fazer geleias, compotas, conservas e sobremesas cozinhadas. Da polpa também se prepara um excelente sumo.

Origem e distribuição

O Naranjillo, originário das terras altas andinas do Equador, Peru e Colômbia, é um pequeno arbusto herbáceo. No Sudeste Asiático, é comum na Indonésia e nas Filipinas. É cultivado no Equador, no Peru, na Colômbia e nos países da América Central.

Valores nutricionais e medicinais

Valor nutritivo do Naranjillo (por 100 g de porção comestível)

S.No.	Constituents	Amount
1.	Protein	0.7 g
2.	Fat	0.1 g
3.	Carbohydrates	6.8 g
4.	Vitamin B_1	0.04 mg
5.	Vitamin B_2	0.04 mg
6.	Vitamin C	65 mg
7.	Calcium	8 mg
8.	Phosphorous	14 mg

NIH, (1961)

PEPINO (Solanum muricatum Aiton)

Pepino doce, melão pepino, melão pera, melão de árvore

O pepino é uma cultura nutritiva de vegetais e frutos muito sumarentos e moderadamente doces. Possui um aroma caraterístico agradável como o do melão e sabe a melão ligeiramente ácido. Os frutos são ricos em minerais e vitamina C, com baixo teor de amido e açúcares solúveis. O fruto é quase desprovido de oxalato, o que constitui outra caraterística marcante.

Os pimentos oferecem múltiplas opções de consumo, como legumes verdes e cozidos, fruta fresca (sobremesa), salada de fruta, sumo de fruta delicioso, abóbora, etc. Ao contrário de outros frutos, no pimento, durante o processo de enlatamento, o sabor original é mantido e, por conseguinte, tem uma melhor preferência.

Origem e distribuição

É nativa da região andina da América do Sul, provavelmente do Peru ou do Equador, no entanto, não é conhecida no estado selvagem. A pepineira é bem conhecida nos países da América do Sul, na Nova Zelândia e na Austrália. Recentemente, foi introduzida nos Nilgiris, em Tamil Nadu, pela primeira vez na Índia, a partir dos Andes do Norte, na América do Sul.

Valores nutricionais e medicinais

Vitamina A, C e K e também B, proteína, Fe, Cu e K. Essencial para um sistema imunitário saudável; Ca para os ossos; K que é necessário para relaxar e baixar a tensão arterial e também é um bom diurético; ajuda nas doenças do fígado, baixa a tensão arterial, ajuda as pessoas que sofrem de acidentes vasculares cerebrais a curarem-se mais rapidamente e promove a saúde cardiovascular; ajuda a perder peso; retarda a digestão; previne a candidíase oral e mantém as gengivas saudáveis.

TIT BEGAN (Solanum torvum Swartz)

Os seus frutos jovens e imaturos são consumidos crus ou cozinhados como vegetais ou utilizados como ingrediente em molho de caril. Na Indonésia, o S.torvum é considerado um dos melhores acompanhamentos vegetais para o arroz.

Distribuição

É uma erva daninha pan-tropical comum, amplamente distribuída no sul, sudeste e leste da Ásia.

Importância nutricional e medicinal

A planta possui várias propriedades medicinais: as raízes são utilizadas para tratar fissuras nos pés (Malásia) ou como antifussígeno na China, onde se acredita que dispersam o sangue extravasado e aliviam a dor. As sementes são fumadas na Malásia para curar a dor de dentes. Na Índia, os extractos da planta são utilizados como antídoto para mordeduras de cobra e picadas de insectos, e os frutos são considerados úteis para aliviar dores de estômago. O alcaloide esteroide solasodina, que é utilizado no fabrico de hormonas sexuais esteroides para contraceptivos orais, está presente (0,84%) nas folhas e nos frutos (Boonkerd et al.,1993).

TOMATILLO (Physalis ixocarpa Brot.)

Tomate com casca, amendoim mexicano, tomate verde mexicano, miltomate

O tomateiro ocorre naturalmente nos jardins da América Latina e do Havai. Está naturalizada no México. O tomateiro tem folhas semelhantes às do tomateiro e cresce até 60 cm de altura, produzindo um fruto do tamanho de uma noz. O tomatillo é menos doce do que a cereja moída, e o fruto é sem sementes, mas sólido e não contém as cavidades suculentas que se encontram no tomate. Os frutos do tomatillo são colhidos quando a casca passa de verde a castanho e o fruto ainda está verde. Os frutos maduros do tomatillo tornam-se amarelos ou roxos, mas desenvolvem um sabor insípido, o que os torna indesejáveis para utilização no molho de piripiri e noutros pratos mexicanos (Splittsloesser, 1990). O tomate é rico em vitamina C e, por 100 g de parte comestível, o teor de ácido ascórbico é de cerca de 36 mg (Yamaguchi, 1983). O tomateiro é cultivado como o tomate.

Valores nutricionais e medicinais

Valor nutritivo do Tomatillo (por 100 g de porção comestível)

S.No.	Constituents	Amount
1	Calories	32 Kc
2	Carbohydrates	6g
3	Sugar	4g
4	Fiber	2g
5	Protein	1g
6	Fat	1g

Atividade anti-bacteriana contra infecções respiratórias, utilizada como medicamento anti-cancerígeno, o seu sumo é utilizado como colírio e para problemas gastro-intestinais.

TOMATE DE ÁRVORE (Cyphomandra betacea (Cav.) Stendtner)

Tamarillo, tamamoro,

Os frutos são utilizados para vegetais e outros produtos transformados, como chutney, etc. É apreciado pelas pessoas devido ao seu sabor único.

Origem e distribuição

Acredita-se que o tomateiro arbóreo seja originário dos Andes peruanos. Foi introduzido na maioria das terras altas tropicais, onde ocorre frequentemente naturalizado nas regiões subtropicais e também nas zonas temperadas amenas. A produção comercial do tomateiro arbóreo é efectuada na Nova Zelândia (Verheij e Coronel, 1991). O tomateiro arbóreo é popular em Nilgiris (Tamil Nadu) e em Khasi Hills (Meghalaya).

Valores nutricionais e medicinais

Valor nutritivo do tomateiro (por 100 g de porção comestível)

S.No.	Constituents	Amount
1.	Water content	81 – 87g
2.	Proteins	1.5 – 2.5g
3.	Fat	0.05 – 1.28g
4.	Fiber	1.4 -6.0g
5.	Total acidity	1.0 – 2.4g
6.	Vitamin A	0.32 – 1.48g
7.	Vitamin C	19.7 -57.8g
8.	Calcium	3.9 – 11.3g
9.	Iron	0.4 – 0.94 g

NIH, (1961)

O tomateiro arbóreo tem boas possibilidades, mas a produção é muito baixa devido ao cultivo limitado e à falta de genótipos adequados. Devem ser desenvolvidos genótipos de alto rendimento com tolerância à geada em altitudes elevadas e a temperaturas elevadas em altitudes mais baixas. Na Índia, os virologistas vegetais têm vindo a utilizar o tomateiro arbóreo como hospedeiro indicador para detetar a vassoura-de-bruxa, uma doença micoplasmática da batata. Assim, tem potencial para ser utilizado no programa de certificação de sementes de batata (Thakur et al., 1988). Contém fitoquímicos como o ácido clorogénico, o kaempferol e a antocianina. Ajuda a baixar os níveis de açúcar no sangue, é bom para a saúde visual, mantém a pele saudável, protege contra os cancros do pulmão e da cavidade oral e é uma boa fonte de eletrólito potássio.

Cem gramas de polpa de tamarilho têm 2 g de proteínas, 1,6 g de fibra e cerca de 50 calorias. ajudam a proteger e a reparar as células contra os danos no ADN, ajudando assim a prevenir o envelhecimento prematuro. No entanto, dos quatro carotenóides, o licopeno tem, de longe, a maior atividade antioxidante.

CAPÍTULO 3

CUCURBITS

As cucurbitáceas são o nome popular da família das cucurbitáceas, vulgarmente conhecida como a família das cabaças. Encontram-se amplamente distribuídas nas regiões tropicais e temperadas quentes do sul, sudeste e leste da Ásia, África, incluindo Madagáscar, América Central e América do Sul. A família é representada por cerca de 120 géneros e 800 espécies. As cucurbitáceas são maioritariamente trepadeiras e reboleiras, raramente são lenhosas e arborescentes. Caracterizam-se pelo ovário inferior e pela placentação parietal. As utilizações mais comuns das cucurbitáceas são como legumes e frutos. São fontes valiosas de vitaminas e minerais.

RÃS-DE-CHOCO (Momordica cochinchinensis Spreng.)

Nome comum : Cabaça da Cochinchina, Momordica cochinchinensis

A cabaça doce é um vegetal subutilizado da família das Cucurbitáceas com elevado valor nutricional. Os frutos e as folhas verdes são uma boa fonte de hidratos de carbono, proteínas, vitaminas e minerais. O teor proteico desta espécie torna-a uma boa fonte de aminoácidos essenciais, como a metionina, a fenilalanina, a alanina, a serina, a cistina e a treonina, em comparação com outros produtos hortícolas e leguminosas tradicionais ricas em proteínas.

Partes comestíveis

Frutos imaturos como vegetais, folhas jovens, flores e sementes são comestíveis

Origem e distribuição

O Origem : Índia

C Número de cromossomas : 2n=28

A cabaça doce é silvestre e cultivada desde a Índia até ao Japão e à Malásia. Encontra-se em Assam, nos montes Garo de Meghalaya, em Bengala Ocidental, na maior parte do Sul da Índia e nas ilhas Andaman.

Valor nutricional e valor medicinal

A cabaça doce tem um teor de proteínas e minerais e uma maior proporção de polpa comestível do que a cabaça amarga (Maurya, 1976).

Valor nutritivo da cabaça doce (por 100 g de porção comestível)

S.No	Constituents	Amount
1	Moisture	84.09 g
2	Protein	2.61 g
3	Fat	0.66 g
4	Carbohydrates	5.69 g
5	Crude fiber	5.93 g
6	Mineral matter	1.02 g
7	Calcium	21 mg
8	Phosphorus	148 mg
9	Iron	2.59 mg

WOI, (1972).

A cabaça doce possui várias propriedades medicinais e as suas sementes são utilizadas na China para tratar inchaços, abcessos, úlceras e outras doenças. O tubérculo contém uma fração hemolítica (Ng et al., 1986). Os frutos e as folhas são utilizados em aplicações externas para lumbago, ulceração e fratura de ossos. Contém até 70 vezes a quantidade de licopeno encontrada no tomate. As raízes contêm uma saponina triterpenóide que, após hidrólise, produz ácido oleanólico e frutose, ácido glucurónico e arabinose. Os extractos alcoólicos produzem um esterol, denominado bessisterol ($C_{29}H_{48}O$. '-JbO), que é idêntico ao espinasterol.

ESPINHEIRA (Momordica dioica Roxb. Ex Willd.)

Cabaça de chá, Kakoda - Momordica dioica Roxb

Origem e distribuição

A cabaça espinhosa é provavelmente originária da Índia. As plantas distribuem-se desde os Himalaias até ao Sri Lanka, até uma altitude de 1500 m. As plantas de cabaça espinhosa crescem naturalmente nas zonas montanhosas de Rajmahal, Hazaribagh e Rajgir de Jharkhand e nas colinas húmidas de Maharashtra, Assam e Bengala Ocidental (Rathi et al., 2002)

Valor nutritivo e valor medicinal.

Valor nutritivo e da cabaça da espinha (por 100 g de porção comestível)

S.No	Constituents	Amount
1	Moisture	84.1 g
2	Protein	3.1 g
3	Carbohydrates	7.7 g
4	Fibre	2.97 g
5	Ash	1.1 g
6	Iron	4.6 g
7	Calcium	33 mg
8	Phosphorus	42 mg
9	Carotene	2700 IU
10	Ascorbic acid	275.1 mg

WOI, (1972).

Os frutos são diuréticos, laxantes estomacais alexiterianos, hepatoprotectores e têm propriedades antivenenosas. É também utilizado para curar a asma, a lepra, a salivação excessiva, prevenir a inflamação causada por lagarto, mordedura de cobra, elefantíase, febre, perturbações mentais, perturbações digestivas e problemas cardíacos e para tratar o corrimento da membrana mucosa. O sumo de fruta fresca é prescrito para a hipertensão. O fruto é cozinhado numa pequena quantidade de óleo e consumido para tratar a diabetes. O alcaloide presente na semente chama-se momordicina e o presente na raiz chama-se momordicafoetida.

PÊRA BALSAM (Momordica balsamina L.)

Maçã de bálsamo, abóbora africana, pepino africano, Garahuni, Momordica balsamina

A pera balsâmica é uma cucurbitácea monóica, encontrada no Punjab, U.P. ocidental, Rajasthan e Maharashtra. As folhas e os frutos jovens são cozinhados e consumidos como vegetais. Os frutos jovens amargos foram considerados muito comestíveis, enquanto os frutos maduros provocam vómitos e diarreia Origem e distribuição

O Origem : África

C Número de cromossomas : 2n=22

A pereira balsâmica é bastante comum e está amplamente disseminada na Namíbia, no Botsuana, na Suazilândia e em todas as províncias da África do Sul, exceto no Cabo Ocidental. É também originária da África e da Ásia tropicais, da Arábia, da Índia e da Austrália. Tem sido cultivada em jardins na Europa desde 1800.

Valor nutricional e medicinal

Anti-helmíntico, contra a febre e a hemorragia uterina excessiva (folhas) e para tratar a sífilis, o reumatismo, a hepatite e as afecções cutâneas

Sl.No	Constituents	Amount
1	K	1,320.00 mg
2	Na	122.49 mg
3	Ca	941.00 mg
4	Mg	220.00 mg
5	P	130.46 mg
6	Fe	60.30 mg
7	Cu	5.44 mg
8	Mn	11.60 mg
9	Zn	3.18 mg

FURTADO (Trichosanthes dioica Roxb.)

Parwal, Trichosanthes dioica Roxb.

Entre as cucurbitáceas indígenas, a cabaça pontiaguda ocupa um lugar importante. Os seus frutos imaturos são utilizados como legumes. Os frutos em conserva também são utilizados na confeitaria.

Origem e distribuição

O Origem : Índia

C Número de cromossomas : 2n=22

A cabaça pontiaguda é uma planta originária da Índia. Encontra-se em estado natural nas planícies do Norte da Índia, desde o Punjab até Assam. É amplamente cultivada em Bihar, Bengala Ocidental e Assam. Valor nutritivo e valor medicinal.

Valor nutritivo da cabaça pontiaguda (por 100 g de porção comestível)

S.No.	Constituents	Amount
1.	*Mg*	*9.0 mg*
2.	*Na*	*2.6 mg*
3.	*K*	*83.0 mg*
4.	*Cu*	*1.1 mg*
5.	*S*	*17.0 mg*

Valor medicinal

As sementes de Trichosanthes dioica contêm uma grande quantidade de péptidos. Tem a atividade de antipirético, diurético, cardiotónico, laxante, antiulceroso, etc. É também utilizada tradicionalmente por algumas comunidades da Ásia para tratar doenças de pele

CHOCO DE SERPENTE (Trichosanthes cucumerina L.)

Chichinda, Trichosanthes anguina syn. T. cucumerina

Cabaça da serpente Fruto imaturo, rebento e folha como legume.

Origem e distribuição

A Índia ou o arquipélago indiano é considerado o possível centro de origem da cabaça-da-serpente. Gildemacher et al. (1993) afirmaram que o género Trichosanthes é nativo da Ásia meridional e oriental, incluindo o Sudeste Asiático e a Austrália e o Pacífico ocidental. O género Trichosanthes inclui cerca de 40 espécies que estão amplamente distribuídas na China, Japão, Índia Ocidental e Austrália. Para além da Índia, é também cultivado nas Maurícias e em Java Central e Oriental. Valor nutricional e medicinal

Valor nutritivo da cabaça da serpente (por 100 g de porção comestível)

S.No.	Constituents	Amount
1.	Moisture	94.6 per cent
2.	Protein	0.5 g
3.	Fat	0.3 g
4.	Minerals	0.5 g
5.	Fibre	0.8 g

Gopalan et al., (1999)

Utilizada no tratamento de doenças de pele, úlceras, tosse e perturbações intestinais. Os extractos do fruto são utilizados como tónico, purgante e anti-helmíntico, e no tratamento da tosse e da indigestão, enquanto as sementes apresentam propriedades antidiarreicas e são utilizadas para tratar a sífilis. Um novo glicosídeo de flavonas 5, 7-dihidroxi-6 metoxiflavona-5-0-alfa-L-rimnopiranosídeo foi isolado da semente (Yadav e Sayeda, 1994).

MELÃO (Cucumis melo var. momordica)

Fobó, Cucumis melo var. momordica

São consumidos quando jovens e ainda tenros, crus ou cozinhados como legumes. Os frutos maduros são utilizados como sobremesa

Origem e distribuição

O Origem : Índia

C Número de cromossomas : 2n=24

O melão instantâneo é provavelmente originário das regiões tropicais de África e da Ásia. É um legume muito popular nas regiões áridas. É comummente cultivado como cultura de sequeiro no Rajastão e em Gujarat.

Valores nutricionais e medicinais

Valor nutritivo do fruto do melão-de-são-caetano (por 100 g de porção comestível)

S.No.	Constituents	Amount
1.	Moisture	95.7 per cent
2.	Carbobydrates	3.0 per cent
3.	Protein	0.3 per cent
4.	Fat	0.1 percent
5.	Vitamin A	265 IU
6.	Seeds	12.5% to 39.1% oil.

Singh e Joshi, (1993)

Os frutos podem ser utilizados como produtos de limpeza ligeiros refrescantes ou como hidratante para a pele. São também utilizados como tratamento de primeiros socorros para queimaduras e abrasões. As flores são expectorantes e eméticas. O fruto é estomacal. A semente é antitússica, digestiva, febrífuga e vermífuga.

Coccinia grandis (Coccinia grandis)

Cabaça pequena, Kundru, Bimba, Kanduri Coccinia indica syn. C. grandis

Fruto e rebento jovem como legume. Os frutos imaturos da cabaça de hera são utilizados como legumes. Para além dos frutos, os rebentos e as folhas são consumidos fritos, escaldados ou cozidos. Os frutos maduros adquirem uma cor vermelha e podem ser consumidos crus. A polpa pode ser transformada em lascas fermentadas ou desidratadas, que podem ser armazenadas durante um longo período.

Origem e distribuição

A cabaça de hera é uma planta originária da Índia. As plantas são distribuídas em Myanmar, no Paquistão e em todo o Sudeste Asiático. Também é distribuída na África Tropical.

Valores nutricionais e medicinais

Valor nutritivo da cabaça de hera (por 100 g de porção comestível)

S.No.	Constituents	Amount
Taraxerone, taraxerol, B- carotene, lycopene, cryptoxanthin		
1.	Protein	1.2 g
2.	Fat	0.1 g
3.	Minerals	0.5 g
4.	Fibre	1.6 g
5.	Calcium	40 mg
6.	Phosphorous	30 mg
7.	Iron	0.38 mg
8.	Carotene	156 µg
9.	Vitamin C	15 mg

Gopalan et al., (1999)

O sumo fresco das raízes é utilizado para tratar a diabetes; a tintura das folhas é utilizada para tratar a gonorreia, a pasta das folhas é aplicada nas doenças de pele. A casca seca é um bom catártico. As folhas e o caule são antiespasmódicos e expectorantes. O fruto verde carnudo é muito amargo. O fruto verde é mastigado para curar feridas na língua. É famosa pelas suas propriedades hipoglicémicas e antidiabéticas no sistema de medicina Ayurvédica.

BITTER -APPLE (Citrullus colocynthis (L.) Schrad.

Indravaruni, Indrayan Citrullus colocynthis

As sementes são comestíveis e utilizadas para fazer farinha e óleo alimentar. Os frutos de cor amarela são utilizados como legumes depois de lhes ser retirada a casca. Também são transformados em conservas depois de serem fervidos em água para lhes retirar o amargor.

Origem e distribuição

O Origem : África

C Número de cromossomas : 2n=22

A maçã amarga ou colocynth é uma planta originária das regiões áridas. A planta do colocynth ocupa uma vasta área que se estende da costa ocidental do Norte de África (Senegâmbia, Marrocos e ilhas de Cabo Verde) para leste, através do Saara, Egito, Arábia, Pérsia e Baluchistão, e por toda a Índia. No mar vermelho, perto de Kossier, ocorre em quantidades imensas. Na Índia, encontra-se em estado selvagem nas zonas quentes, áridas e arenosas até aos 1500 m.

Valor nutritivo e valor medicinal.

A polpa do fruto contém principalmente colocintina (o princípio amargo até 14 %), colocintina (resina), colocintetina, goma de pectina. As sementes contêm um óleo fixo (17 %) e albuminóides (6 %).

Os frutos são amargos, pungentes, refrescantes, purgativos, anti-helmínticos, antipiréticos, carminativos, curam tumores, ascite, leucoderma, úlceras, asma, bronquite, corrimentos urinários, iterícia, aumento do baço, tuberculose das glândulas do pescoço, dispepsia, prisão de ventre, anemia, doenças da garganta, elefantíase, dores nas articulações. A raiz é útil em iterícia, ascite, doenças urinárias, reumatismo e administrada em aumentos abdominais e em tosse e ataques asmáticos de crianças. Uma cataplasma de raiz é útil na inflamação do peito

CHOW-CHOW (Sechium edule Jacq.Sw.)

Chuchu, Mirliton Sechium edule

Chow - Chow é um membro menos conhecido da família Cucurbitaceae. Está a ganhar popularidade e importância como uma boa cultura em todo o mundo.

O fruto jovem e a raiz (tuberosa) são utilizados como legumes. Tem boas propriedades nutritivas, uma textura firme e detetável da polpa do fruto, pode ser cozida em cassetes e em creme,

O chaote pode ser utilizado para vários fins, como caril, frito, escalfado, seccionado ou em conserva. Podem preparar-se rebuçados aromatizados desidratados a partir do chaote.

Origem e distribuição

O Origem - México, Guatemala

C Número de cromossomas: 2n=24

O chow-chow é originário da região tropical húmida da América Central e do sul do México. Recentemente, foram recolhidas 8 espécies selvagens da América Central, o centro que possui a máxima diversidade genética (Dutta, 1994).

Valores nutricionais e medicinais

As folhas ou os frutos têm um efeito diurético e até destroem os cálculos renais. As propriedades diuréticas das folhas e sementes, e as propriedades cardiovasculares e anti-inflamatórias das folhas e frutos, foram confirmadas por estudos farmacológicos (Bueno et al. 1970; Lozoya 1980; Salama et al. 1986, 1987; Ribeiro et al. 1988). Os frutos, e especialmente as sementes, são ricos em vários aminoácidos importantes como o ácido aspártico, ácido glutâmico, alanina, arginina, cisteína, fenilalanina, glicina, histidina, isoleucina, leucina, metionina (apenas no fruto), prolina, serina, tirosina, treonina e valina (Flores 1989). Muitas destas caraterísticas nutricionais tornam o chuchu particularmente adequado para dietas hospitalares (Liebrecht e Seraphine 1964; Silva et al. 1990).

Figo-da-índia (Cucurbita ficifolia Bouche)

Cabaça de Malabar, Cucurbita ficifolia. A cabaça de folha de figueira é uma planta de clima frio.

Os frutos jovens e imaturos são cozidos como legumes (ou, segundo alguns, comidos como pepinos). Em algumas regiões, os caules jovens e as flores também são cozinhados como legumes. Os frutos maduros (com adição de adoçante) são cozidos e comidos como abóbora (Cucurbita maxima) ou utilizados para fazer conservas e produtos de confeitaria - e na América Latina a polpa do fruto também é transformada em refrigerantes e fermentada para cerveja. As sementes, de cor branca cremosa ou castanha escura a preta (ricas num óleo comestível e que se diz ter um sabor a noz), podem ser torradas como os amendoins ou consumidas cruas em pudins com mel.

Origem e distribuição

O centro-sul do México é considerado o centro de distribuição do género Cucurbita. A Cucurbita ficifolia encontra-se apenas a grande altitude (1200-2568m), a C.moschata e a C.mixta são ambas espécies de terras baixas, mas a sua distribuição raramente se sobrepõe. A C.mista encontra-se a norte, a C.moschata e a C.pepo limitam-se principalmente ao norte e ocupam uma posição intermédia entre a C.moschata e a C.ficifolia. (Whitaker e Knight, 1980).

Valores nutricionais e medicinais

Valor nutritivo do fruto da cabaça da figueira (por 100 g de porção comestível)

S.No.	Constituents	Amount
1.	Vitamin A	4000 IU
2.	Vitamin C	11 mg
3.	Vitamin B_1	0.40 mg
4.	Vitamin B_2	0.03 mg
5.	Niacin	0.3 mg
6.	Calcium	15 mg
7.	Phosphorous	19 mg
8.	Iron	0,4 mg

Gopalan et al., (1999)

Em termos medicinais, os ervanários locais receitam uma emulsão diluída das sementes moídas e revestidas de fibras para expulsar os vermes. As sementes são ricas em proteínas. Parece que as enzimas identificadas na polpa do fruto podem ser úteis no tratamento de águas residuais produzidas por indústrias de processamento de alimentos para peixe, o que pode ser menos dispendioso do que a prática atual. Através do processamento com a adição de açúcar é feito um doce ou dulce. Os frutos são também utilizados na preparação de bebidas alcoólicas. É também cultivada como planta ornamental, devido aos seus frutos ornamentais semelhantes a melancias e à sua densa folhagem. A polpa do fruto contém uma enzima proteolítica que tem um valor potencial na indústria alimentar (Roxas, 1993). Alarcon et al. (2002) observaram um efeito hipoglicémico agudo do sumo liofilizado.

Cucurbitácea (Cucurbita foetidissima H.B.)

Cabaça do Missouri, cabaça da pradaria Cabaça fedorenta, abóbora selvagem, Cucurbita foetidissima

A cabaça-de-búfalo, originária das regiões semi-áridas do oeste da América do Norte e do México, está bem adaptada ao ambiente desértico.

O fruto é cozinhado como uma abóbora quando jovem, mas torna-se amargo para uso hortícola na maturidade

Origem e distribuição

O Origem : México, Sudoeste dos EUA

C Número de cromossomas : 2n=20

A cabaça de búfalo é uma planta nativa das regiões semi-áridas da América do Norte e do México. As tribos nativas da América do Norte e do México utilizaram o búfalo de várias formas como alimento, cosmético, detergente, inseticida, etc.

Valores nutricionais e medicinais

Composição química de várias partes da cabaça de búfalo (por 100 g de porção comestível)

S.No.	Chemical constituents	Plant parts			
		Leaves	Fruit pulp	Seed	Root
1.	Protein	12.9	30.1	32.9	15.1
2.	Fat	1.14	1.19	33.0	0.69
3.	Carbohydrates	35.0	26.9	0	64.6
4.	Ash	22.9	14.2	3.1	3.8
5.	Gross energy (k cal/g)	2.95	3.82	6.17	4.09

Berry et al., (1976)

O tubérculo subterrâneo tem propriedades medicinais Para além dos frutos, as suas sementes são muito úteis. São torradas, cozidas ou moídas e cozinhadas para fazer um puré comestível. As sementes podem ser moídas em pó e utilizadas como espessante em sopas ou podem ser misturadas com farinhas de cereais para fazer bolos e biscoitos. As sementes são ricas em óleo e proteínas.

A cabaça de búfalo era utilizada medicinalmente por muitas tribos nativas da América do Norte que a utilizavam particularmente no tratamento de queixas cutâneas (Moerman, 1998). Ainda é utilizada no herbalismo moderno como um vermicida seguro e eficaz (Bown, 1995). As folhas, os caules e as raízes são laxantes e cataplasmas (Balls, 1975). As sementes são vermífugas. A semente completa, juntamente com a casca, é utilizada. Zhong e Halaweish (2003) isolaram foetidissimin das raízes da cabaça de búfalo que possui propriedades anti-cancerígenas e antivirais.

31

CAPÍTULO 4

VEGETAIS FOLHOSOS

A importância das folhas verdes comestíveis no consumo humano é sine quanon. Os legumes de folha, que contêm matérias minerais, fitoquímicos e provitaminas, devem ser consumidos numa proporção substancial para uma dieta equilibrada. Os nutricionistas recomendam um consumo diário de pelo menos 116 g de vegetais de folha para uma dieta equilibrada. Os vegetais de folha são também uma boa fonte de fibra, que ajuda no funcionamento do sistema digestivo. O consumo abundante de vegetais de folha ajuda na proteção contra o cancro da bacia, que é um dos cancros mais comuns. Há uma grande variação no consumo de vegetais de folha em diferentes partes do mundo. Os espinafres são o único vegetal de folha que é cultivado à escala comercial e destinado a ser enlatado e congelado. Os legumes de folha são geralmente ervas verdes e crescem facilmente e têm a capacidade de resistir a temperaturas negativas durante as partes mais frias da estação de crescimento. Para além das verduras de clima temperado, há uma série de plantas tropicais, tanto selvagens como cultivadas, cujas folhas são consumidas quando cozinhadas.

Vegetais de folha subutilizados

Devido à grande variação climática do país, a população local consome vários tipos de plantas herbáceas/perenes selvagens. Na Índia, cerca de 600 espécies de plantas pertencentes a diferentes famílias botânicas, como Amaranthaceae, Chenopodiaceae, Brassicaceae, Asteraceae, Poaceae, Leguminosae, Convolvulaceae, Malvaceae, etc., são consideradas verduras comestíveis (Singh e Arora, 1978).

ACALYPHA INDIANA (Acalypha indica L.)

Urtiga da Índia, mercúrio com três sementes,

A Acalypha é um pequeno arbusto da família Euphoriaceae. As suas folhas são ricas em proteínas e minerais e são utilizadas para fins culinários.

Valores nutricionais e medicinais

Contém compostos fenólicos, esteróides É um remédio para problemas de pele, contém propriedades antibacterianas, propriedades antioxidantes, atividade antidiabética, previne doenças cardiovasculares, infecções oculares, problemas respiratórios e gastrointestinais, disfunção hepática, disenteria, dores musculares, reumatismo, parasitas intestinais, obstipação, feridas e comichão, escaras e redução da tensão arterial elevada. A planta possui várias propriedades medicinais, uma vez que a raiz é catártica e o extrato da planta é utilizado em dores musculares, gota e asma. As suas folhas são laxantes e utilizadas em doenças de pele e mordeduras de cobra. Contém também um elevado teor de ácido ascórbico Siemonsma e Piluek, (1993).

CHERULA (Aerva lanata (L.) Juss).

Erva-dos-campos

Aerva lanatana (L.) Juss. é uma planta da família Amarantheceae. É uma erva herbácea que cresce nas planícies da Índia. As folhas são consumidas como espinafres, a planta inteira e as suas folhas são consumidas como erva de maconha.

Valores nutricionais e medicinais

A planta é utilizada como medicamento tradicional para as mordeduras de cobra; tem uma atividade antioxidante, mais eficaz para os cálculos renais, Alzheimer, anemia, artrite, gonorreia, dores de cabeça, hepatite, antidiarreico, diurético, melhorador da memória, anti-fúngico, atividade anti-tumoral.

A planta possui propriedades anti-helmínticas e diuréticas. As raízes são utilizadas como demulcentes, diuréticas e para dores de cabeça. Distribui-se pelas zonas mais quentes da Índia e até 3000 pés nas colinas, também no Sri Lanka, estendendo-se à Arábia, África Tropical, Java e Filipinas.

PLANTAS DE SOLA (Aeschynomene aspera L.)

Sola, planta de medula, Laugauni, Netti (Tamil).

Aeschynomene aspera L. é uma planta da família Leguminosae, sub-família Caesalpiniaceae. É uma erva alta da família Caesalpiniaceae, amplamente distribuída em Uttar Pradesh, Bihar, Maharashtra, Orissa, Assam, W.Bengal e no Sul da Índia. A planta cresce em locais pantanosos ou húmidos.

As suas folhas tenras são consumidas como legume. Para além da sua utilização como vegetal, a madeira macia possui boas propriedades isolantes e é utilizada no fabrico de chapéus de sol, brinquedos, flores artificiais, modelos, etc. É considerada como um bom substituto para as rolhas de garrafa e no fabrico de coletes de natação e cintos salva-vidas.

Valores nutricionais e medicinais

Contém alcalóides, terpinóides, antocianina, indóis, glicosídeos, saponinas, taninos, actividades antimicrobiana, antifúngica, antibacteriana, anti-inflamatória, antimutagénica, previne a produção de tumores e actua contra o vírus da gripe.

MALVA DE MARSH (Althaea officinalis L.)

Althaea officinalis L. é uma planta da família Malvaceae. É uma erva ornamental, nativa da Europa Oriental e atualmente distribuída em Caxemira e Punjab. A planta é utilizada como um vegetal verde.

Valores nutricionais e medicinais

A planta possui propriedades medicinais e a sua raiz é considerada como demulcente e emoliente, enquanto a infusão de flores é recomendada para catarro brônquico, bronquite e é considerada um remédio herbal muito útil para a tosse (Singh et al., 1983).

THANDU KEERAI (Amaranthus caudatus L.)

Amaranto-rabo-de-raposa, amaranto-amarelo, amaranto pendente, flor de borla, flor de veludo e quilete.

Folhas e sementes utilizadas como porções comestíveis.

Valores nutricionais e medicinais

Valor nutritivo do tomateiro (por 100 g de porção comestível)

S.No.	Constituents	Amount
	Fiber	1.1%
	Protein	4%
	Calcium	400mg
	Phosphorus	85mg
	Iron	25mg
	Vitamin C	98mg

Ajuda na digestão; reduz os níveis de açúcar; mantém os níveis de colesterol; previne a anemia; promove boas funções cardíacas; crescimento normal do corpo; protege da insuficiência renal e pulmonar; previne as cataratas e outras doenças relacionadas com os olhos e aumenta a imunidade.

Amaranthus caudatus L. é uma planta da família Amaranthaceae. O Amaranthus caudatus L. é geralmente cultivado pelas suas folhas comestíveis, pelo seu grão e como planta ornamental. É cultivada como cultura de estação fria nas regiões setentrionais da Índia e nos Himalaias vizinhos, onde o grão é conhecido pelo nome de Ramdana. Nos jardins ingleses, é cultivada como planta ornamental sob o nome de "Lovelies bleeding". Nas regiões mais quentes de África, ocupa o lugar do A. paniculatus como cultura produtora de grão. A sua distribuição foi registada nos países orientais e na África tropical.

Descobriu-se que o amaranto tem valores medicinais que podem reduzir ou combater doenças comuns como a diabetes, a hipertensão, as doenças do fígado, a hemorragia, a tuberculose, o VIH/SIDA, a cicatrização de feridas, o kwashiorkor, o marasmo, as doenças de pele, entre outras. Os compostos do amaranto podem aumentar o crescimento e o desenvolvimento humano, melhorar a saúde geral e reforçar as respostas imunitárias para combater doenças.

AMARANTO VERMELHO (Amaranthus cruentus L).

Amaranto sanguíneo, amaranto roxo, pena de príncipe, amaranto de grão mexicano

As partes comestíveis são as sementes (grão de cereal) e as folhas. *Amaranthus cruentus* (L.), Syn. *A. paniculatus* L. é um membro da família Amaranthaceae. É cultivada principalmente para folhas comestíveis, sementes e como planta ornamental. O seu cultivo é muito praticado nas zonas sub-himalaias. A sua ocorrência foi registada no leste e oeste da Ásia e em África. É largamente cultivada como cultura de outono nas cordilheiras exteriores dos Himalaias até 10.000 pés ou mais, bem como nas zonas montanhosas da Índia peninsular. As suas sementes minúsculas são muito nutritivas e proporcionam um alimento saudável a um grande número de habitantes locais. A planta também forma uma colheita muito bonita quando está em plena floração, especialmente nos Himalaias, onde é normalmente cultivada em terraços, com os tipos carmesim e dourado misturados. As folhas de *Amaranthus cruentus* são uma boa fonte de caroteno e vitamina C.

Valores nutricionais e medicinais

Valor nutritivo de *Amaranthus cruentus*

S.No.	Constituents	Amount
1.	Lysine	0.5g/10g
2.	Oleic acid	36.3%
3.	Linoleic acid	35.9%
4.	Linolenic acid	3.4%
5.	Potassium	324.4mg/100g
6.	Magnesium	219.5 mg/100g
7.	Phosphorus	322.8mg/100g
8.	Calcium	189.1 mg/100g
9.	Zinc	4.8 mg/100g
10.	Iron	13.0mg/100g

Previne a obstipação, trata a diarreia, cura problemas de pele, trata feridas, dores e sangramento das gengivas e retarda o processo de envelhecimento do cabelo

AMARANTO ESPINHOSO (Amaranthus spinosus L.)

Erva-espinhosa, amaranto espinhoso, amaranto espinhoso

Amaranthus spinosus é uma planta da família Amaranthaceae. Distribui-se por toda a Índia e no Sri Lanka, subindo até aos 50000 pés nos Himalaias, estendendo-se a todos os países tropicais. É uma erva espinhosa e cresce como uma erva daninha da estação das chuvas. As folhas são consumidas cozinhadas como um vegetal.

Valores nutricionais e medicinais

Valor nutritivo de Amaranthus spinosus (por 100 g de porção comestível)

S.No.	Constituents	Amount
1.	Vitamin A – 16%	85.0 g
2.	Vitamin C – 1%	3.0 g
3.	Calcium - 6%	0.3 g
4.	Iron – 4%	3.6 g
5.	Calories – 6	1.1 g
6.	Carbohydrate	0.7 g

Siemonsma e Piluek, (1993)

Tem propriedades medicinais adstringentes, diaforéticas, diuréticas, emolientes, febrífugas, galactogogas; é utilizada no tratamento de hemorragias internas, diarreia, menstruação excessiva, picadas de cobra, furúnculos, perturbações estomacais, úlceras na boca, corrimentos vaginais, hemorragias nasais e feridas. Uma pasta da raiz é utilizada no tratamento da menorragia, gonorreia, eczema e cólicas. O sumo da raiz é utilizado para tratar febres, problemas urinários, diarreia e disenteria. A seiva da planta é utilizada como colírio para tratar convulsões oftálmicas e convulsões em crianças.

AMARANTO VERDE (Amaranthus virdis L.)

Amaranto delgado

Amaranthus viridis L. é uma planta da família Amaranthaceae. É uma erva daninha comum em terrenos cultivados, presente em toda a Índia. A planta está amplamente distribuída em todos os países tropicais e pode ser facilmente identificada pelos seus esguios espinhos em forma de panícula e pelos seus frutos herbáceos indeiscentes.

As suas folhas jovens e os seus rebentos são comidos e cozinhados. Embora cresça em estado selvagem, é uma boa fonte de ferro e de vitamina C.

Valores nutricionais e medicinais

Valor nutritivo do Amaranthus viridis (por 100 g de porção comestível)

S.No.	Constituents	Amount
1.	Moisture	87.90%
2.	Protein	2.11%
3.	Fat	0.47%
4.	Fibres	1.93%
5.	Carbohydrates	7.67%
6.	Calcium	330mg
7.	Phosphorous	52 mg
8.	Iron	12.7 mg
9.	Vitamin C	178 mg

Siemonsma e Piluek, (1993)

Utilizado como anti-inflamatório, diurético, analgésico, antiulceroso, antiemético, laxante, antifúngico, antiviral, antimicrobiano, antioxidante, antipirético, antiviral, analgésico, anti-helmíntico, cardioprotector, antidiabético e cicatrizante

ARIPORIYAN (Antidesma diandrum (Roxb.) Roth).

A Antidesma diandrum é uma planta da família Euphorbiaceae. É um arbusto de folha perene, distribuído principalmente na cordilheira exterior dos Himalaias, de Garhwal e Kumaon para leste; também em Bengala Ocidental e na Índia Central, Ocidental e do Sul, estendendo-se até ao Sri Lanka e Myanmar.

As suas folhas ácidas são consumidas como erva de maconha. As folhas são ricas em fibras e cálcio e são normalmente utilizadas na preparação de vários pratos do Sul da Índia

ESPINHEIRA DO PAÍS (Basella sp.)

A basela ou espinafre-da-índia é considerada uma importante hortaliça de folha, cultivada em quase todas as regiões do país. O seu cultivo é bastante popular nas regiões do Sul e do Nordeste do país. O espinafre-da-índia pertence à família Basellaceae, género Basella, espécie alba. Os espinafres da Índia são geralmente cultivados pelos seus rebentos e folhas tenros, que constituem um excelente legume depois de cozinhados.

Origem e distribuição

O espinafre-da-índia é considerado originário do sul da Ásia, muito possivelmente da Índia ou da China. Atualmente, é amplamente cultivado na Ásia tropical, em África e na América. Está também a tornar-se popular nas zonas temperadas como planta anual. Para além da Índia, é particularmente popular na China, Malásia, Filipinas, Gana, Países Baixos, Nigéria, Brasil, Rússia e Indonésia.

Valores nutricionais e medicinais

Valor nutritivo dos espinafres da Índia (por 100 g de porção comestível)

S.No.	Constituents	Amount
1.	Protein	2.8 g
2.	Fat	0.4 g
3.	Carbohydrates	4.2 g
4.	Calcium	200 mg
5.	Phosphorous	35 mg
6.	Iron	10 mg
7.	Carotene	7440 µg
8.	Vitamin C	87 mg

Gopalan et al., (1987)

Melhoria do controlo da glicemia nos diabéticos, redução do risco de cancro, redução da pressão arterial, melhoria da saúde óssea, redução do risco de desenvolver asma, prevenção do cancro, prevenção da obstipação, saúde óssea, pele e cabelo saudáveis e prevenção da queda de cabelo.

Erva-de-são-joão-prostata (Convolvulus prortratus)

Partes comestíveis : Sementes (utilizadas no passado como cultura alimentar e atualmente consideradas como uma erva daninha)

Convolvulus prortratus é um membro da família da batata-doce Convolvulaceae. É uma trepadeira que se encontra na região peninsular e se estende até ao trato sub-himalaiano. As plantas distribuem-se na planície do Punjab e para leste até Bihar e Chhota Nagpur. A sua ocorrência foi também registada no Senegal. A planta é utilizada como vegetal e tem propriedades anti-envelhecimento.

AGATHI (Sesbania grandiflora (L.) Poir.)

Árvore de beija-flor vegetal, agati ou beija-flor

A Sesbania grandiflora (L.) Poir ou Agathi é um vegetal de folha popular nas regiões do Sul do país. O agathi é uma planta da família Leguminosae e da subfamília Papilionaceae. O agathi é um importante vegetal de folha perene.

As suas folhas, vagens tenras e flores são consumidas como legume. As suas folhas são ricas em proteínas, vitaminas A, C e do complexo B. As flores de agathi são também muito ricas em proteínas. As suas flores são comestíveis e vendidas nos mercados a preços muito elevados. Em Bengala Ocidental, comer a flor de agathi é considerado uma iguaria.

Distribuição

Indígena da Malásia ao Norte da Austrália; cultivada em muitas partes da Índia e do Sri Lanka.

Valores nutricionais e medicinais

Valor nutritivo das folhas e flores de agathi (por 100 g de porção comestível)

S.No.	Constituents	Leaves	Flowers
1.	Protein	8.4 g	1.0 g
2.	Fat	1.4 g	0.5 g
3.	Fibre	2.2 g	0.8 g
4.	Carbohydrates	11.8 g	4.4 g
5.	Calcium	1130 mg	9.0 mg
6.	Phosphorous	80 mg	5.0 mg
7.	Vitamin A	-	2656 IU
8.	Iron	3.9 mg	-
9.	Carotene	5400 µg	-

Gopalan et al., (1987)

As folhas são utilizadas como tónico, diurético, laxante, antipirético, mastigadas para desinfetar a boca e a garganta. A flor é utilizada para dores de cabeça, visão turva, catarro, dores de cabeça, para refrescar e melhorar o apetite, amarga, adstringente, acre, antipirética. A casca é utilizada para arrefecimento (termos medicinais ayurveda e <u>siddha</u>), tónico amargo, anti-helmíntico, febrífugo, diarreia, varíola, adstringente. Frutos amargos e acre, laxantes, febre, dores, bronquite, anemia, tumores, cólicas, iterícia, envenenamento. Raiz usada em Reumatismo, Expetorante, Inchaço doloroso, Catarro.

ESPINHEIRA DE CEYLON [Talinum triangulare (Jacq.) Willp.)

Espinafres da Índia, espinafres do Ceilão

O espinafre do Ceilão é um membro da família Portulacaceae. É popularmente conhecido como espinafre do Ceilão, Surinam purselane, Asomia Paleng ou Piralee Paleng. Trata-se de um importante vegetal de folha que cresce em estado selvagem em Assam. As suas folhas e rebentos são consumidos frescos ou cozinhados. As folhas cozidas ou fervidas têm um sabor e aroma semelhantes aos da folha de beterraba.

Origem e distribuição

É originária da América Tropical e é comummente distribuída pelo Sudeste Asiático. O espinafre do Ceilão foi introduzido em Java em 1915 pelo Bogar Botanic Gardens do Suriname. Na América do Sul, em África e no Caribe, o espinafre do Ceilão é um vegetal de folha popular.

Valores nutricionais e medicinais

Valor nutritivo dos espinafres do Ceilão (por 100 g de porção comestível)

S.No.	Contents	Fresh weight basis	Dry weight basis
1.	Carbohydrates	4.02 g	43.27 g
2.	Protein	2.57 g	27.65 g
3.	Fat	0.19 g	2.05 g
4.	Fibre	0.95 g	10.25 g
5.	Calcium	231.51 mg	2492.03 mg
6.	Phosphorous	43.20 mg	465.02 mg
7.	Iron	2.79 mg	30.03 mg

Gopalan et al., (1987)

Antídoto; Aperiente; Adstringente; Demulcente; Diurético; Febrífugo; Laxante; Rubefacie nt. Adstringente - as raízes cozidas são utilizadas no tratamento da diarreia. Laxante - utilizam-se as folhas e os caules cozidos. As flores são usadas como antídoto para venenos. Uma pasta da raiz é aplicada em inchaços e é também utilizada como rubefaciente. A planta é febrífuga, o seu sumo é um aperitivo seguro para mulheres grávidas e uma decocção tem sido utilizada para aliviar o parto. O sumo das folhas é um demulcente, utilizado em casos de disenteria. É também diurético, febrífugo e laxante. O sumo das folhas é utilizado no Nepal para tratar o catarro. Uma pasta das folhas é aplicada externamente para tratar furúnculos.

Tem um valor dietético especial para as pessoas que sofrem de diabetes. A planta contém uma quantidade razoável de minerais como o cálcio e o fósforo; no entanto, a sua utilização excessiva não é recomendada devido à elevada quantidade de oxalatos e ao teor de ácido cianídrico.

PURSLANE DE CAVALO (Trianthema portulacastrum)

Verdolaga, erva-de-são-joão, erva-dos-prados, raiz-vermelha, beldroegas e rosa-musgo

A Trianthema portulacastrum L., vulgarmente designada por beldroegas, é uma erva carnuda da família Aizoaceae, que cresce vulgarmente como erva daninha na estação das chuvas. As suas folhas e rebentos são consumidos como vegetais.

Distribuição

Tem uma distribuição extensa, que se presume ser sobretudo antropogénica, em todo o Velho Mundo, estendendo-se desde o Norte de África, passando pelo Médio Oriente e pelo subcontinente indiano, até à Malásia e Australásia. O estatuto da espécie no Novo Mundo é incerto. Em geral, é considerada uma erva daninha exótica, no entanto, há provas de que a espécie se encontrava nos depósitos do lago Crawford (Ontário) em 1430-89 d.C., o que sugere que chegou à América do Norte na era pré-colombiana.

Valores nutricionais e medicinais

Valor nutritivo da beldroega (por 100 g de porção comestível)

S.No.	Constituents	Amount
1.	Protein	2.0 g
2.	Fat	0.4 g
3.	Fibre	0.9 g
4.	Carbohydrates	3.2 g
5.	Calcium	100 mg
6.	Phosphorous	30 mg
7.	Iron	38.5 mg
8.	Vitamin C	70 mg

Aykroyd, (1966).

A beldroega conhecida como Ma Chi Xian (pinyin: traduz-se como "amaranto dente de cavalo") na medicina tradicional chinesa. As suas folhas são utilizadas para picadas de insectos ou de cobras na pele, furúnculos, feridas, dores provocadas por picadas de abelhas, disenteria bacilar, diarreia, hemorróidas, hemorragias pós-parto e hemorragias intestinais. Usado como contraindicado durante a gravidez e para pessoas com constipação e digestão fraca. A beldroega é um tratamento clinicamente eficaz para o líquen plano oral.

CALTROPS TERRESTRES (Tribullus terrestris L.)

O Tribullus terrestris L. ou caltrops terrestre é chamado Gokhru em Hindi e Nerringi em Tamil. É uma planta que se espalha e cresce durante todo o ano como erva daninha em terrenos baldios, relvados e campos cultivados. O caltrops terrestre pertence à família Zygophyllaceae.

As suas folhas são comestíveis e utilizadas para fins culinários. As folhas são muito ricas em cálcio e vitamina C.

Valores nutricionais e medicinais

Valor nutritivo dos caltrops terrestres (por 100g de porção comestível)

S.No.	Constituents	Amount
1.	Protein	7.2 g
2.	Fat	0.5 g
3.	Carbohydrate	8.6 g
4.	Calcium	1550 mg
5.	Phosphorous	82 mg
6.	Iron	9.2 mg

Gopalan et al., (1987)

Os seus frutos espinhosos são conhecidos pelas suas propriedades diuréticas e tónicas e são utilizados no tratamento de infecções por cálculos e micção dolorosa. A pasta preparada a partir das folhas é utilizada para o tratamento de cálculos na bexiga. A raiz possui excelentes propriedades tónicas.

FLOR DE PÃO (Vallaris solanacea (Roth). O. Kuntze)

Trata-se de um arbusto grande e retorcido da família Apocynaceae. É cultivada como planta ornamental pelas suas flores brancas e perfumadas. As suas flores e frutos são comestíveis. Na Tailândia, as suas folhas jovens, flores e frutos são consumidos (Siemonsma e Piluek, 1993).

Distribuição

A planta é distribuída no Punjab, a oeste do Sutlej, nos Himalaias até 5000 pés em Kumaon, em Bengala Oriental e a sul do Sri Lanka, também em Myanmar.

Valores nutricionais e medicinais

A planta possui propriedades medicinais e a sua casca é amarga e adstringente e é mastigada para fixar os dentes soltos.

Baqueta (Moringa oleifera)

Rabanete, Moringa

A baqueta é um membro da família Moringaceae. Propaga-se tanto por sementes como por estacas. As folhas, os frutos e as flores da baqueta são todos utilizados para fins hortícolas.

Origem e distribuição

A Moringa olerifera é originária da Índia e da Arábia. Foi introduzida no Sudeste Asiático numa data precoce, e é atualmente cultivada em todos os trópicos. Em muitos sítios também ocorre mais ou menos naturalizada (Jahn., 1996).

Valores nutricionais e medicinais

Valor nutritivo das folhas, frutos e flores da baqueta (por 100 g de porção comestível)

S.No.	Components	Leaves	Fruits	Flowers
1.	Protein	6.7 g	2.5 g	3.6 g
2.	Fat	1.7 g	0.1 g	0.8 g
3.	Fibre	0.9 g	4.8 g	1.3 g
4.	Carbohydrates	12.5 g	3.7 g	7.1 g
5.	Calcium	440 mg	30 mg	51.0 mg
6.	Phosphorous	70 mg	110 mg	90.0 mg
7.	Potassium	259 mg	259 mg	-
8.	Iron	7.0 mg	5.3 mg	-
9.	Vitamin A (IU)	11,300	184	-
10.	Vitamin C	220 mg	120 mg	-

Gopalan et al., (1987)

Propriedades anti-envelhecimento, anti-inflamatórias, combate uma série de doenças, incluindo constipações e gripes, protege contra doenças oculares, doenças de pele, doenças cardíacas, diarreia, constrói ossos e dentes fortes e ajuda a prevenir a osteoporose e é essencial para o funcionamento do cérebro e dos nervos.

As raízes são utilizadas como pomada para o escorbuto e para as feridas. A baqueta é usada para tratar muitas doenças, em particular doenças infecciosas da pele, do sistema digestivo e do trato respiratório. A propriedade antimalárica da baqueta foi relatada por Cibeassor et al.(1990). Sabe-se que os extractos aquosos das raízes têm efeitos anti-implantação em ratos (Sangeeta et al., 1989). Também utilizado na purificação de água por coagulação. O óleo da baqueta é mais adequado para usos farmacêuticos e cosmetológicos porque o seu óleo é resistente à oxidação (Delaveau e Boiteau, 1980).

Lista de outros vegetais de folha subutilizados

S.No.	Name	Family	Part used	Medicinal uses
1.	*Argyreia nervosa*	Convolvulaceae	Leaves, roots	Roots used as tonic to cure rheumatism, nervous disorders.
2.	*Triplex hortensis*	Chenopodiaceae	Tender stem, succulent green leaves.	Leaves used as medicine.
3.	*Begonia* L.	Begoniaceae	Leaves	Leaves used as medicine.
4.	*Boerhaavia diffusa*	Nyctaginaceae	Leaves and roots	Used as blood purifier and ailments of cough, asthama, hornia, dropsy, muscular pains, gout, chest pain, piles, snake bite, body heat and jaundice.
5.	*Brassica juncea var. cuneifolia Roxb.*	Brassicaceae	Leaves	Leaves are very nutritious and contain fairly high amount of protein, fat and minerals.
6.	*Brynopsis laciniosa* (L.) Naudin	Cucurbitaceae	Leaves	Leaves are very nutritious and contain fairly high amount of protein, fat and minerals.
7.	*Cardiospermum halicacabum* L.	Sapindaceae	Leaves	Controls joint pains
8.	*Casearia esculenta*	Flacourtiaceae	Leaves, tender	Anti diabetic medicinal

			shoots, fruits	plant
9.	*Cassia tora* L.	Caesalpiniaceae	Tender shoots, unripe fruits, seeds	Leaves and roots used against vomiting and stomach ache
10.	*Cayratia trifolia* (L.) Don.	Vitaceae	Tender leaves	Root is also used as an astringent medicine.
11.	*Celosia argentea*	Amaranthaceae	Leaves and tender stem	Roots useful in blood diseases, mouth sores and eye diseases.
12.	*Ceropegia bulbosa*	Asclepiadaceae	Leaves, stem, roots	-
13.	*Chenopodium album* L.	Chenopodiaceae	Tender leaves and stem	Laxative & anathematic properties, yields oil
14.	*Chlorophytum tuberosum*	Liliaceae	Leaves, roots	Plant pacifies vitiated vata, pitta, diabetes, spermaturia, leucorrhea, and is a potent aphrodisiac.
15.	*Cissus discolor*	Vitaceae	Leaves and young shoots	Leaves useful in stomach ache
16.	*Cissus repens* Lamk	Vitaceae	Leaves and young shoots	Used as poultice and swelling and against fever
17.	*Cleome viscosa* L.	Cleomaceae	Whole plant except flower tops	Plants used for Family Planning and Sex DiseaseTreatment
18.	*Clerodendrum indicum*	Verbenaceae	Leaves as vegetable	Root and juice of the plant are used medicinally
19.	*Clerodendrum*	Verbenaceae	Leaves, young	Roots and seeds used as

			flower	medicine
20.	*Commelina benghalensis*	Commelinaceae	Young leaves	Treatment of leprosy, and nervous system related disorders.
21.	*Commelina obliqua*	Commelinaceae	Leaves and shoot	Antipyretic, anti-inflammatory, and diuretic effects.
22.	*Cynotis tuberosa*	Commelinaceae	Leaves	-
23.	*Digera muricata*	Amaranthaceae	Leaves	Renal disorders
24.	*Embelia nagushia*	Myrsinaceae	Leaves	Used in chinese medicine.
25.	*Emilia sonchifolia*	Asteraceae	Leaves	Decoction of the herb used as a febrifuge and also, in bowel complaints. Juice of leaves used for sore eyes and night blindness.
26.	*Enydra fluctuans*	Asteraceae	Leaves	Analgesic activity
27.	*Gymnema sylvestris*	Asclepiadaceae	Leaves	Leaves used as an antidiabetic agent
28.	*Hibiscus sabdariffa*	Malvaceae	Young shoot and leaves	Used as refreshing aids digestion, intestinal antiseptic and mild laxatives
29.	*Hibiscus surattensis*	Malvaceae	Leaves and tender stem	Treatment of hypertension, profuse menstruation and PMS.
30.	*Holosstemma annularis*	Asclepiadaceae	Leaves	Roots useful for scalding gonorrhoea and its paste

			applied for ophthalmia
31.	*Hydrolea zeylanica*	Hydrophyllacaceae	Leaves	Used to cure ulcers.
32.	*Hygrophilia salcifolia*	Acanthaceae	Leaves	Leaves are diuretic and seeds contain fatty oils
33.	*Ipomoea aquatica*	Convolvulaceae	Young leaves and shoots	Used for jaundice, nervous debility, liver disease, eye problems and constipation
34.	*Lasia spinosa*	Araceae	Young leaves	Good for women after delivery
35.	*Launa procumbens*	Asteraceae	Leaves	Plant used in preparation of cooling Serbats, leaves rarely used in curries.
36.	*Leucas lantana*	Labiatae	Leaves	Shoots as vegetables
37.	*Lysimachia candida*	Primulaceae	Whole plant	Whooping cough, treating wounds, minimizing the appearance of scars
38.	*Malva parviflora*	Malvaceae	Whole plant	Seeds used to cure ulcer in bladder and cough
39.	*Marsilea minuta*	Marsileaceae	Leaves	Leaves is diuretic, febrifuge and to treat snakebite
40.	*Medicago hispida*	Papilionaceae	Plant used as pot herb	-
41.	*Melochia corchorifolia*	Sterculiaceae	Leaves	Stem and leaves boiled in oil are good remedy for preventing bad consequences from bites of

			water snakes
42.	*Merremia emarginata*	Convolvulaceae	Plant used as pot herb	Possessess diuretic properties and used rheumatism and neuralgia
43.	*Meyna laxiflora* Robyns	Rubiaceae	Leaves as vegetable	Fruits used for dysentery
44.	*Mollugo caeviana* Scringe	Aizoaceae	Tender shoots	Promoting flow of lochia discharges and cure for gonorrhea
45.	*Nothosaerva brachiata*	Amaranthaceae	Whole plant	-
46.	*Neptunia oleracea*	Mimosaceae	Young shoots	Stem juice used for earache, roots used in advanced stage of syphylis
47.	*Nymphoides cristatum*	Gentianaceae	Stem, fruits and leaves	Used as a substitute for chiretta in fever and jaundice
48.	*Ottelia alismoides*	Hydrocharitaceae	Leaves, petiole and fruits	-
49.	*Oxalis acetosella*	Oxalidaceae	Leaves	Used as refrigerant, diuretic and anti-scorbutic and used in liver , digestive disorders, febrile diseases, urinary infections, catarrh and to remove cancerous growth of mouth parts
50.	*Oxalis corniculata*		Leaves	Astringent and antiseptic properties. Fresh juice of

				the plant cures dyspepsia, piles, anaemia and tympanitis.
51.	*Oxalis corymbosa*	Oxalidaceae	Leaves	-
52.	*Perilla frutescens*	Labiatae	Leaves	Antiasthmatic, antibacterial, antidote, antimicrobial, antipyretic, antiseptic, antispasmodic, antitussive, aromatic, carminative, diaphoretic, emollient, expectorant, pectoral, restorative, stomachic and tonic. *www.altnature.com*
53.	*Phytolacca acinosa*	Phytolaccaceae	Tender leaves and twigs	Antiasthmatic, antibacterial, antidote, antifungal, antitussive, diuretic, expectorant, laxative and vermifuge
54.	*Pisonia alba* Spanoghe	Nyctaginaceae	Leaves	Leaves possess diuretic properties and root are purgative
55.	*Plumbago lanica*	Plumbaginaceae	Whole plant	Used in skin diseases, diarrhoea and piles
56.	*Polygonum plebeium*	Polygonaceae	Leaves	Used for bowel complaints and in pneumonia
57.	*Pouzolzia viminea*	Urticaceae	Leaves and young shoots	Plant has diuretic, antiascorbutic, antibiotic,

				antifungal, antiparasitic, antipyretic and anti-inflammatory properties
58.	*Premna latifolia*	Verbenaceae	Leaves and tender shoots	Juice of the bark used medicinally
59.	*Rivia hypocrateriformis*	Convolvulaceae	Leaves and young shoots	Treat bleeding, diarrhea, dysentery and snake bite.
60.	*Rumex vesicarius*	Polygonaceae	Leaves and petioles	Treating heat of the stomach, pain of toothache and, by its astringent properties.
61.	*Salsola foetida*	Chenopodiaceae	Leaves	-
62.	*Sauropus androgynus* (Chekurmanis)	Euphorbiaceae	Young shoots and tender leaves	Good for women after child birth to stimulate milk production and recovery of womb. Also used against fever and other urinary sailments.
63.	*Sonchus oleraceus*	Asteraceae	Leaves	Have important place in stomachic and diuretic
64.	*Sphenoclea zeylanica*	Campanulaceae	Young shoots	Against the stings of venomous animals and to cure the ulcers.
65.	*Stellaria media*	Caryophyllaceae	Tender leaves and shoots	Tonic, diuretic, demulcent, expectorant, and mildly laxative.
66.	*Suaeda maritima*	Chenopodiaceae	Leaves	Hepatoprotective and

				antioxidant *properties*
67.	*Typha augustata*	Typhaceae	Young shoots	Anticoagulant properties
68.	*Vallisneria spp.*	Hydrocharitaceae	Leaves	-
69.	*Vernonia cinerea*	Asteraceae	Leaves consumed as pot herb	Used for patients suffering from malaria. Leaves used for eczema and ring worm. Decoction of root is useful in diarrhoea and stomach pain. Flowers used for rheumatism.
70.	*Wrightia tomentosa*	Apocynaceae	Leaves	Useful for snake bites and scorpian sting. Bark useful in menstrual and renal complaints.

Singh et al., (1983); *www.herbsnspicesinfo.com*

CAPÍTULO 5

LEGUMES DE LEGUMINOSAS

As leguminosas, definidas em termos gerais pela sua estrutura floral invulgar, frutos com vagens e a capacidade de 88% das espécies examinadas até à data para formarem nódulos com rizóbios, só perdem em importância para o homem para as gramíneas. Os 670 a 750 géneros e 18.000 a 19.000 espécies de leguminosas incluem importantes espécies de cereais, pastagens e agroflorestais. A utilização de Hymenaea como fonte de alimento na pré-história da Amazónia. O feijão (*Phaseolus vulgaris*) e a soja (*Glycine max*), culturas básicas nas Américas e na Ásia, respetivamente, foram domesticados há mais de 3.000 anos. "As leguminosas devem ser plantadas em solos leves, não tanto pelas suas próprias culturas, mas pelo bem que fazem às culturas subsequentes." Este documento apresenta uma breve panorâmica das leguminosas e da sua importância em diferentes ambientes agrícolas e naturais.

Para além das tradicionais utilizações alimentares e forrageiras, as leguminosas podem ser moídas em farinha, utilizadas para fazer pão, donuts, tortilhas, batatas fritas, pastas para barrar e snacks extrudidos ou utilizadas na forma líquida para produzir leites, iogurtes e fórmulas para lactentes. Os feijões Pop, o alcaçuz (Glycyrrhiza glabra) e os rebuçados de soja proporcionam novas utilizações para leguminosas específicas. As leguminosas têm sido utilizadas industrialmente para preparar plásticos biodegradáveis, óleos, gomas, corantes e tintas. As gomas de galactomanano derivadas de Cyamopsis spp. e Sesbania spp. são utilizadas na colagem de têxteis e papel, como espessante e na formulação de comprimidos. Muitas leguminosas têm sido utilizadas na medicina popular. Mais recentemente, sugeriu-se que as isoflavonas da soja e de outras leguminosas reduzem os riscos de cancro e diminuem o colesterol sérico. Os fitoestrogénios da soja e dos alimentos à base de soja foram sugeridos como possíveis alternativas à terapia de substituição hormonal para mulheres na pós-menopausa. Várias cidades e estados dos EUA exigem atualmente que os veículos da frota sejam alimentados em parte por biodiesel de soja. Alguns estados exigem que o biodiesel seja incluído numa percentagem fixa em todos os combustíveis para motores diesel (http://www.biodiesel.org).

FEIJÃO-AMARELO (Psophocarpus tetragonolobus)

Feijão de Goa, leguminosa maravilhosa - Psophocarpus tetragonolobus L

O feijão alado pertence à família Leguminosae e ao género Psophocarpus (Verdcourt e Holliday., 1978). Trata-se de uma leguminosa vegetal importante.

Os rebentos jovens e as folhas do feijão-de-asa podem ser consumidos crus ou cozinhados como legumes verdes. As suas folhas, flores, vagens, sementes verdes, sementes secas e raízes tuberosas são todas comestíveis e nutritivas (Garcia e Palmar 1980).

Valores nutricionais e medicinais

A flor pode ser consumida crua, frita ou cozinhada a vapor, os tubérculos torrados também são comestíveis (Singh et al., 2013). O tubérculo do feijão-de-asa é constituído por uma quantidade muito elevada de proteínas (8-20%) em comparação com as cultivares comuns da maioria das culturas de raízes, as flores do feijão-de-asa também contêm proteínas (Garcia e Palmar 1980; Singh et al., 2013)

Amoo et al. (2006) referiram que o teor de proteínas brutas do feijão-de-asa era mais elevado do que o das sementes de feijão-frade, ervilha-de-angola e feijão-lima. No feijão-frade, o teor de proteínas é

33,82% em comparação com o feijão-frade (22,5%), o feijão bóer (22,4%) e o feijão-lima (23,3%) (Aletor e Aladetimin, 1989) e até comparável com o teor proteico da soja (35%) (Adeyeye, 1995). O feijão-de-corda também contém óleo comestível (15-20%), vitamina A (300-900 UI), e também é rico em hidratos de carbono (Singh et al., 2013).

Origem e distribuição

O Origem: África Oriental, regiões montanhosas do Nordeste da Índia

C Número de cromossomas : 2n=18

A importância do feijão-de-asa como excelente cultura forrageira e cultura de cobertura é bem reconhecida. Possui várias propriedades medicinais e o consumo de feijão-de-asa estimula a produção de leite materno (Anónimo, 1991). As folhas do feijão-de-asa também são consumidas como um vegetal verde em algumas partes de África. O feijão-de-asa é bastante rico em lisina disponível e pode ser suplementado com dietas à base de cereais que são deficientes em lisina. O consumo de feijão-de-asa é defendido para combater o problema da desnutrição proteico-energética.

FEIJÃO JACK (Canavalia ensiformis)

Feijão-espada, Feijão-café, Feijão-maravilha-Canavalia ensiformis L.

Canavalia é um género importante da família Leguminosae, subfamília Papilionaceae, com cerca de 50 espécies distribuídas nas regiões tropicais e subtropicais (Sauer, 1964; Lackey, 1981).

As vagens jovens e as sementes verdes são consumidas como legume. O feijão-macaco é cultivado pela sua vagem comestível utilizada como legume e as sementes como leguminosa e alimentação animal (El-Rahim et al., 1998).

Valores nutricionais e medicinais

Valor nutritivo das vagens de grão de bico (por 100 g de porção comestível)

S.No.	Constituents	Pods
1.	Protein	6.9 g
2.	Fat	0.5 g
3.	Fiber	3.3 g
4.	Carbohydrate	13.3 g
5.	Calcium	33.0 mg
6.	Phosphorous	66.0 mg
7.	Iron	1.2 mg
8.	Ascorbic acid	32.0 mg
9.	Vitamin A	15 µg

WOI, (1948-76) Origem e distribuição

O feijão-caupi foi recuperado de sítios arqueológicos do México datados de aproximadamente 3000 a.C. (Sauer e Kaplan, 1969). As espécies de Canavalia ocorrem tanto no velho como no novo mundo (Smart, 1990).

Importância

Existe também interesse farmacêutico na utilização de C. ensiformis como fonte dos agentes anticancerígenos trigonelina e canavanina. A proteína do feijão-caupi é adequada na maioria dos aminoácidos essenciais, com exceção da metionina e da cistina, que podem ser nutricionalmente limitantes. O grão de bico contém factores antinutricionais e tóxicos, incluindo inibidores da tripsina, hemaglutininas, glucósidos de cianogénio, oligossacáridos e outros. As sementes são também utilizadas como substituto do café. O feijão maduro contém saponinas potencialmente nocivas, glicosídeos cianogénicos, terpenóides, alcalóides e ácido tânico e deve ser cozinhado antes de ser consumido.

FEIJÃO DE ESPADA (Canavalia gladiata (Jacq.) DC.)

Nome comum : Beng, Makhan Shim; Guj. Talvardi, Tarvardi; Hindi, Lal Kadsumbal; Kan. Shombi avare, tumkai, Mal.

O feijão-espada é uma planta da família Fabaceae, pertencente ao género Canavalia e à espécie gladiate. As vagens e folhas verdes do feijão-espada jovem são consumidas com moderação como legume cozinhado Origem e distribuição

O Origem : Sul da Ásia

O feijão-espada é originário da região indo-malaia e é cultivado em toda a Índia pelas suas vagens jovens e sementes. Kooi (1993) afirmou que, para além da Índia, também é cultivado no Sri Lanka, Myanmar e Indo-China.

Valores nutricionais e medicinais

Valor nutritivo da vagem de feijão espada (100 g de porção comestível)

S.No.	Constituents	Amount
1.	Protein	2.7 g
2.	Fat	0.2 g
3.	Fibre	1.5 g
4.	Calcium	60 mg
5.	Phosphorus	40 mg
6.	Iron	2 mg
7.	Vitamin C	12 mg
8.	Carotene	24 µg

WOI, (1998)

O feijão-espada é utilizado para soluços devido a frio e deficiência, vómitos, inchaço abdominal, lumbago (dor lombar) devido a deficiência renal, asma com expetoração. Recentemente, um novo glucósido do tipo canavaliosídeo ent kaurane e 8 novos glucósidos de flavonol acilados, gladiatosídeos A1, A2, A3, B1, B2, B3, C1 e C2 foram isolados das sementes de feijão-espada (Murakami et al., 2000). De sabor doce e natureza quente, está relacionado com os canais do estômago e dos rins. Esta cultura é mais útil como cultura de cobertura que fixa o azoto e como adubo verde tolerante à seca. As vinhas e as sementes, boas fontes de proteínas e amido, podem ser dadas ao gado, mas apenas em pequenas quantidades. O nível de toxicidade aumenta com a maturidade da planta.

FEIJÃO DE VELUDO (Mucuna pruriens)

Feijão de Bengala, Feijão da Maurícia, Feijão de coceira, Mucuna pruriens

O feijão veludo pertence ao género Mucuna da família Fabaceae. O feijão veludo é uma cultura de uso múltiplo, nomeadamente alimentar, medicinal, adubo verde, cultura de cobertura e como forragem (Fujii, 1990). As folhas e as vagens são consumidas. As vagens tenras são utilizadas para fins hortícolas. Sendo uma cultura leguminosa, as suas sementes são uma boa fonte de proteínas.

Origem e distribuição - O género Mucuna é originário de regiões tropicais, especialmente de África, da Índia e das Antilhas. Na Índia, as suas espécies encontram-se nas zonas de sopé dos Himalaias, nas planícies de Bengala Ocidental, Madhya Pradesh, Karnataka, Kerala, Andhra Pradesh, Uttar Pradesh e nas ilhas Andaman e Nicobar (WOI, 1948-79).

Valores nutricionais e medicinais

O feijão de veludo cru contém 27% de proteínas e é rico em vitaminas e minerais. O feijão produz quantidades relativamente grandes de uma substância chamada L-dopa (7%), que em casos extremos pode causar espasmos musculares ou problemas cardíacos se consumida. Os pêlos no exterior das vagens da Mucuna pruriens são um ingrediente comum no pó para a comichão. É utilizada para promover a circulação sanguínea, para aliviar a estase e para tratar a menstruação irregular e as dores ou dormência nas articulações (Ding et al., 1991). As sementes de Macuna pruriens são utilizadas na medicina tradicional da África Ocidental para tratar uma variedade de doenças, incluindo mordeduras de cobra (Aguiyi et al., 1997). O feijão veludo é também uma importante leguminosa fixadora de azoto

FEIJÃO DE CLUSTER (Cyamopsis tetragonoloba (L.) Taubert)

Guar, feijão guar, Cyamopsis tetragonoloba

O feijão-caupi é uma das leguminosas mais valiosas e resistentes à seca. A fava pertence ao género Cyamopsis, que inclui 3 espécies, das quais a tetragonoloba (L.) Taub. é o único membro de importância económica.

As folhas são utilizadas cozidas ou fritas; as vagens verdes são utilizadas cozidas, fritas ou secas para armazenamento; as sementes secas são transformadas em goma como espessante As vagens imaturas são utilizadas principalmente como vegetais e em vários pratos indianos como o bhartha. Também é desidratada e armazenada para utilização futura. Para além da utilização fresca como legume, a sua farinha de sementes é misturada na farinha de trigo.

Origem e distribuição

O Origem : África

C Número de cromossomas : 2n=14

A origem do feijão de cacho é vaga. No entanto, é cultivado desde há muito tempo na Índia, em África, no Peru e em Jeru. É também muito cultivado nos Estados Unidos.

Valores nutricionais e medicinais

Valor nutritivo da vagem de feijão (por 100 g de porção comestível)

S.No.	Constituents	Amount
1.	Carbohydrates	10.8 g
2.	Protein	3.2 g
3.	Fat	0.4 g
4.	Minerals	1.4 g
5.	Fibre	3.2 g
6.	Calcium	130 mg
7.	Phosphorus	50 mg
8.	Vitamin C	49 mg
9.	Folic acid	50 mg

Smith et al., (1982).

Beta-caroteno: baixo nas vagens verdes; vitamina E: baixo nas vagens verdes; ácido fólico: alto nas vagens verdes; ácido ascórbico: alto nas vagens verdes; cálcio: extremamente alto nas folhas, baixo nas vagens verdes; ferro: médio nas vagens verdes; proteína: 2,5-3,0% nas folhas e nas vagens verdes. O feijão-caupi possui várias propriedades medicinais. O polissacárido guaran isolado e purificado da semente possui um potencial efeito antidiabético (Karawya et al., 1994). O biscoito preparado a partir de guar é eficaz na diminuição do aumento pós-prandial da glicose no sangue e na melhoria do controlo glicémico (Smith et al., 1982). As folhas também contêm galactomanano e as sementes secas contêm um inibidor da tripsina

BICO DE MILHO VEGETAL (Cicer arietinum L.) Kadlai

Feijão-de-bengala - Cicer arietinum L.

O grão-de-bico é uma importante cultura de leguminosas e ocupa o segundo lugar em área e o terceiro em produção entre as culturas de leguminosas no mundo. O género Cicer pertence à família Leguminosae, subfamília Papilionaceae e tribo Cicereae Alef. (Kupicha, 1977).

As vagens verdes imaturas e as folhas jovens e tenras são cozinhadas e consumidas como legumes. É consumido principalmente como dal descascado ou como sementes inteiras. Vários produtos alimentares são preparados a partir do dal e da farinha. O enlatamento e a desidratação de sementes imaturas estão a tornar-se populares em muitos países, incluindo a Índia e os Estados Unidos (Chavan et al., 1989).

Origem e distribuição

O Origem: Sudeste da Turquia.

Pensa-se que o grão-de-bico é originário da Anatólia (Turquia), onde três espécies selvagens estreitamente relacionadas (C.bijugum K.H.Rech, C.echinospermum P.H. Davis e C.reticultum Ladizinsky) são comummente encontradas na natureza (Van der Maesen, 1984).

Valores nutricionais e medicinais

As folhas têm um teor mais elevado de vitamina C, ferro e a-caroteno do que os espinafres, a hortelã, a cenoura e o feijão-frade. São também muito ricas em fibras alimentares e, por conseguinte, uma fonte saudável de hidratos de carbono para pessoas com sensibilidade à insulina ou diabetes. Estudos recentes mostraram também que podem ajudar a reduzir o colesterol na corrente sanguínea. A rafinose e a estaquiose estão presentes nas sementes e nas folhas do grão-de-bico e demonstraram proporcionar tolerância à geada nas plantas.

Ervilha-de-passarinho (Cajanus cajan (L.) Millspaugh) Ervilha do Congo, Grama vermelha Cajanus Cajan L.

A ervilha-de-pombo é um membro da família Fabaceae (Leguminosae) com a espécie polimórfica Cajanus cajan. As vagens jovens são consumidas como legumes. A ervilha-de-pomba é uma das principais leguminosas cultivadas e utilizadas sob a forma de pulso dividido ou dal. É consumida de várias formas, sendo geralmente cozinhada com legumes e especiarias. As vagens imaturas são utilizadas como legumes.

Origem e distribuição

O Origem : Índia e África

C Número de cromossomas : 2n=22

Considerada a origem da ervilha-de-angola. No entanto, não foram detectadas formas selvagens de ervilha-de-angola no subcontinente indiano, enquanto as suas formas selvagens existem na costa oriental de África até à costa da Guiné.

Valores nutricionais e medicinais

Valor nutritivo da vagem verde do feijão bóer (72% de porção comestível)

S.No.	Constituents	Amount
1.	Protein	9.80 g
2.	Fat	1.00 g
3.	Fibre	6.20 g
4.	Carbohydrates	16.90 g
5.	Minerals	1.00 g
6.	Calcium	57 mg
7.	Phosphorus	164 mg
8.	Iron	1.10 mg
9.	Magnesium	53 mg
10.	Sodium	93 mg
11.	Potassium	463 mg
12.	Sulphur	454 mg
13.	Vitamin C	25 mg
14.	Carotene	469 µg

Gopalan et al., (2004)

Os grãos de feijão-frade verde têm maior digestibilidade da fibra bruta, da gordura e da proteína. O feijão-frade é uma fonte rica em hidratos de carbono, minerais e vitaminas. As sementes contêm uma gama de 51,4-58,8% de hidratos de carbono (Faris e Singh, 1990), 1,2-8,1% de fibra bruta e 0,6-3,8% de lípidos (Sinha, 1977). É uma boa fonte de minerais dietéticos, como cálcio (Ca), P, magnésio (Mg), Fe, enxofre (S) e potássio (K) (Sinha, 1977) e vitaminas solúveis em água, especialmente tiamina, riboflavina e niacina (Salunkhe et al., 1986) O feijão bóer contém mais minerais, dez vezes mais gordura, cinco vezes mais vitamina A e três vezes mais vitamina C do que as ervilhas normais (Foodnet, 2002). Os factores antinutricionais, como os inibidores da protease (tripsina e quimotripsina), os inibidores da amilase e os polifenóis, que são um problema conhecido na maioria das leguminosas, são menos problemáticos no feijão bóer do que na soja, nas ervilhas (Pisum sativum) e nos feijões (Singh e Eggum, 1984; Singh, 1988; Faris e Singh, 1990). As folhas são preparadas numa infusão para anemia, hepatite, diabetes, infecções urinárias e febre amarela. As flores são preparadas numa infusão para disenteria e distúrbios menstruais; e as sementes são infundidas para uso como diurético. Na medicina herbal brasileira, as folhas são infundidas para tosses, febres e úlceras; as sementes são preparadas num chá para inflamações e distúrbios sanguíneos; e as flores são preparadas num chá para infecções respiratórias superiores e dores. Na Argentina, as folhas são utilizadas para irritações genitais e outras irritações da pele e as flores são utilizadas para bronquite, tosse e pneumonia Gopalan et al., (2004).

CAPÍTULO 6

CULTURAS HORTÍCOLAS PARA SALADAS

As saladas de legumes de folha, que contêm uma grande quantidade de vitaminas, minerais e fitoquímicos, são normalmente consumidas cruas. A cor verde brilhante e o aspeto pigmentado não só adornam as mesas como também contribuem significativamente para a digestão através da sua suculência apetitosa. As saladas de folhas são culturas de curta duração e não necessitam de cuidados especiais. No entanto, a redução do teor de nitratos e de metais pesados é uma das principais preocupações da tecnologia de produção. Entre as culturas de saladas, a alface, a endívia e a chicória são as mais populares, ao passo que várias culturas de saladas menores são cultivadas em diferentes estações do ano em diferentes partes do mundo (Duke, 2000).

SALADA DE MILHO (Valerianella locusta (L.) Laterrade)

A salada de milho é também conhecida por salada de milho europeia, alface-de-cordeiro, fetticus ou erva-de-passarinho-branca. As folhas da salada de milho contêm vestígios de ácido ferúlico, ácido fenólico, ácido cafeico, ácido hidrobenzóico e derivados do ácido salicílico, ácido gentísico e ácido venílico. A planta contém igualmente ácido P. hidrobenzóico, cerca de 20 mg/kg (Schmidtlein e Herrmann, 1975). As principais flavonas e flavonóis glicosídeos das folhas de salada de milho são a luteolina 7-0-rutinosídeo, provavelmente luteolina 7-0-beta-D-glucosil-4-0-arbinosídeo e vestígios de rutina. As suas folhas podem ser utilizadas como erva de vaso, tal como os espinafres, e são misturadas com outras plantas de folhas para saladas.

Distribuição

A salada de milho dourado é uma planta originária de grande parte do Mediterrâneo e pode ser encontrada em estado selvagem até na Suíça. A salada de milho cresce em estado selvagem em partes da Europa, no norte de África e na Ásia ocidental. Na Europa e na Ásia, é uma erva daninha comum em terrenos cultivados e em espaços baldios. Na América do Norte, escapou ao cultivo e naturalizou-se tanto na costa leste como na costa oeste

Valores nutricionais e medicinais

Composição nutricional da salada de milho (por 100 g de porção comestível)

S.No.	Constituents	Amount
1.	Carbohydrates	3.4 g
2.	Protein	2.0 g
3.	Fat	0.40 g

4.	Fibre	0.80 g
5.	Vitamin C	35 mg
6.	Vitamin B1	0.07 mg
7.	Vitamin B_2	0.08 mg
8.	Calcium	35 mg
9.	Phosphorous	49 mg
10.	Potassium	421 mg

WOI, (1972)

Origem e distribuição

A salada de milho é originária da Europa. Está naturalizada em partes da América do Norte. Atualmente é cultivada no Brasil, Alemanha, Holanda, França e Suíça e noutros países com temperaturas elevadas. .

SORREL (Rumex spp.)

A azeda é uma planta da família Polygonaceae, pertencente ao género Rumex. Rumex é um grande género de ervas anuais, bienais ou perenes, raramente arbustos, distribuído em todo o mundo, principalmente nas regiões temperadas do norte.

As folhas da azeda têm um sabor acentuado a limão e são utilizadas em saladas ou cozinhadas como vegetais. Existem treze espécies registadas na Índia e muitas delas são consumidas como erva de maconha. As espécies importantes são Rumex acetosa L. (azeda de jardim), Rumex acetosella L. (azeda de ovelha), Rumex crispus (doca amarela, doca enrolada), Rumex dentatus L., Rumex hastatus D. Don, Rumex maritimus (doca dourada), Rumex vesicarius L. (doca de bexiga) e Rumex scutatus L. (azeda francesa). Entre estas espécies, a Rumex acetosa é a mais importante, que é cultivada comercialmente, enquanto o cultivo de outras espécies é específico do local, com base na importância médica e na preferência nutricional.

Origem e distribuição

Está amplamente distribuída como uma erva daninha ambiental e é escassamente cultivada em hortas de mercado e de camiões como uma cultura hortícola de folha menor no sul da Índia.

Valores nutricionais e medicinais

A ação medicinal da azeda é refrigerante e diurética, e é utilizada como bebida refrescante em todas as doenças febris. É corretor de depósitos escrofulosos, para tumores cutâneos, uma preparação composta de alúmen queimado, ácido cítrico e sumo de azeda, aplicada como tinta, tem sido utilizada com sucesso. A azeda é especialmente benéfica no escorbuto. Tanto a raiz como a semente eram antigamente apreciadas pelas suas propriedades adstringentes e eram utilizadas para estancar hemorragias.

O xarope feito com o sumo de Fumitory e Sorrel tinha a reputação de curar a comichão, e o sumo, com um pouco de vinagre, era considerado uma cura para a micose e recomendado como gargarejo para dores de garganta.

Dizia-se que uma decocção das flores, feita com vinho, curava a iterícia e os intestinos ulcerados, sendo a raiz em decocção ou em pó também empregue para a iterícia e para o cascalho e pedra nos rins.

SALADA DE ROCKET (Eruca vesicaria)

A salada de rúcula é uma planta da família da mostarda Brassicaceae. As suas folhas tenras são utilizadas como verduras e para salada em muitos países europeus e asiáticos.

Origem e distribuição

Com base na literatura antiga de Israel, incluindo a judaica, clássica e islâmica até à idade média (Yaniv et al. 1998), afirma-se que a rúcula é uma planta nativa de Israel. Atualmente, a rúcula é uma cultura importante no Sul da Europa, no Egito e no Sudão.

Valores nutricionais e medicinais

Valor nutritivo da salada de rúcula (por 100 g de porção comestível)

S.No.	Constituents	Amount
1.	Carbohydrate	37 g
2.	Protein	27 g
3.	Fat	0.2 g
4.	Calcium	352 mg
5.	Phosphorous	46 mg
6.	Iron	0.8 mg
7.	Fibre	0.90 g

WOI, (1972)

É conhecida como planta medicinal e é utilizada como aforodisíaco, para infecções oculares e para problemas digestivos e renais (Yaniv et al., 1998). O óleo volátil de sementes de rúcula aumenta significativamente a excreção de sódio, potássio e cloro na urina e é utilizado no Egito como medicamento diurético.

DANDELION (Taraxacum officinale Weber)

Dente de Leão, Bola de Sopro, Bola de Puff, Cankerwort, Cabeça de Monge, Coroa de Sacerdote, Relógio de Fada, Relógio de Camponês, Relógio de Cabeça de Doon, Contador de Tortas, Margarida Irlandesa, Nort de Vinho, -issabed, Pee- abed e Wetabed

O dente-de-leão é uma erva daninha perene da família Asteraceae (Compositae). As folhas do dente-de-leão são ricas em vitamina A e noutros compostos desejáveis (Popov e Gramov, 1993). As suas folhas jovens são utilizadas cruas em saladas, enquanto as folhas mais velhas são normalmente cozidas a vapor ou refogadas.

Origem e distribuição

O dente-de-leão é nativo da Eurásia, mas foi introduzido na América do Norte, na América do Sul, na Índia (onde não tinha chegado naturalmente), na Austrália, na Nova Zelândia e provavelmente em qualquer outro sítio para onde os europeus, os povos, tenham migrado. Pensa-se que a introdução desta espécie na América do Norte foi intencional, uma vez que as pessoas queriam uma flor que lhes recordasse as suas antigas casas e porque era usada medicinalmente. No entanto, uma vez fora da garrafa, o génio revelou-se incontrolável.

Valores nutricionais e medicinais

Valor nutritivo da salada de dente-de-leão (por 100 g de porção comestível)

S.No.	Constituents	Amount
1.	Carbohydrate	8.9 g
2.	Protein	2.70 g
3.	Fat	0.70 g
4.	Fibre	1.60 g
5.	Vitamin A	13900 IU
6.	Vitamin C	34 mg
7.	Calcium	179 mg
8.	Phosphorous	67 mg
9.	Potassium	409 mg

Rubatzky e Yamaguchi, (1997)

Diz-se que a raiz do dente-de-leão é diurética. Também se diz que é um laxante suave e o látex leitoso tem sido utilizado como repelente de mosquitos. O Dente-de-leão é utilizado para perda de apetite, dores de estômago, gases intestinais, cálculos biliares, dores nas articulações, dores musculares, eczema e nódoas negras. É também utilizado para aumentar a produção de urina e como laxante para aumentar os movimentos intestinais. Algumas pessoas utilizam o dente-de-leão para tratar infecções, especialmente infecções virais, e cancro. Na alimentação, o dente-de-leão é utilizado como verdura para saladas e em sopas, vinho e chás. A raiz torrada é utilizada como substituto do café.

CEREJA DE JARDIM (Lepidium sativum L.)

Erva-pimenta, agrião-pimenta, agrião-mostarda. O agrião de jardim ou erva-pimenta é uma cultura de estação fria. O agrião de jardim é cultivado pelas suas folhas aromáticas que são utilizadas em saladas.

Origem e distribuição

É uma planta originária da Europa. O cultivo do agrião de jardim restringe-se principalmente às regiões temperadas do mundo.

Valores nutricionais e medicinais

As sementes de agrião de jardim são muito ricas em ferro e ácido fólico. Estas sementes são utilizadas como medicamento à base de plantas para tratar a anemia por deficiência de ferro. As pessoas que consomem 2 colheres de sopa por dia registam um bom aumento dos níveis de hemoglobina durante um período de 1-2 meses.

Controlo do açúcar: O revestimento das sementes em germinação contém mucilagem, que tem um fitoquímico chamado lepidimoide. Tem também propriedades hipoglicémicas que ajudam a controlar os níveis de glicose nos diabéticos. Dose recomendada 15g/dia

Doenças: É utilizada durante a obstipação como laxante. Também é utilizada para tratar problemas intestinais e cólicas abdominais. É também muito útil no tratamento de hemorragias nas pilhas. O agrião ajuda a purificar o sangue e estimula o apetite e a imunidade.

Anti-doença do trato respiratório: As sementes de agrião são bons expectorantes e, quando mastigadas, tratam a dor de garganta, aliviam a tosse, a asma e a dor de cabeça. É altamente recomendado para a bronquite, uma vez que tem propriedades dilatadoras dos brônquios.

Hepatoprotector: As sementes de agrião são estimulantes da função biliar. Protege o fígado dos danos causados por agentes tóxicos como o tetracloreto de carbono (CCL4). A presença de flavonóides, triterpenos, alcalóides e taninos protege o fígado.

Anti-hipertensivo: Também se verifica que as sementes de agrião têm propriedades anti-hipertensivas. Tem propriedade diurética, devido à qual tem propriedade de baixar a pressão arterial.

Anti-cancerígeno: Sendo uma família da família Brassica, tem boas propriedades anti-cancro. As sementes de agrião de jardim contêm antioxidantes como a vitamina A e E, que ajudam a proteger as células dos danos causados pelos radicais livres. Por isso, estas sementes têm uma natureza quimioprotectora.

BÁRBARA DE ÁGUA (Barbarea verna)

Agrião-de-água, rabanete-de-água, rúcula-de-água, mostarda de sebe

O agrião é uma erva perene, cultivada pelos seus rebentos e folhas, que são consumidos crus ou em saladas. A parte aérea tenra do agrião é utilizada como legume cozinhado.

Origem e distribuição

O agrião é também distribuído em todo o mundo. É geralmente considerado uma espécie introduzida na América do Norte e do Sul, Austrália, África do Sul e Nova Zelândia. Nos Estados Unidos, está listado por 46 estados como nocivo e invasivo.

Valores nutricionais e medicinais

Valor nutritivo do agrião (por 100g de porção comestível)

S.No.	Constituents	Amount
1.	Protein	2.9 g
2.	Fat	0.2 g
3.	Fibres	0.6 g
4.	Carbohydrate	4.9 g
5.	Calcium	290 mg
6.	Phosphorous	140 mg
7.	Iron	4.6 mg
8.	Carotene	2803 µg
9.	Vitamin C	13.0mg

WOI, (1972)

Como erva medicinal, o agrião é utilizado na medicina alternativa como antiescorbútico, depurativo, diurético, expetorante, purgativo, hipoglicémico, odontalgico, estimulante, tónico e estomacal. Culpepper diz que as folhas esmagadas ou o sumo libertarão o rosto de manchas, nódoas e manchas, quando aplicado como uma loção.

O agrião tem vários valores medicinais e é utilizado como estimulante e laxante. Produz um óleo volátil pungente que contém isotio-cinato de feniletilo (PEITC), que é de interesse devido à sua alegada atividade anticancerígena (Palanaiswamy et al., 1997).

CHERVIL (Anthriscus cerefolium L.)
Cerefólio de jardim, Erva-doce, Salsa francesa, Salsa de homem rico

O cerefólio é um membro da família Apiaceae. É amplamente utilizado como erva culinária, em cosméticos e como infusão para estimular a digestão e aliviar distúrbios circulares (Petri et al., 1993). Origem e distribuição

O cerefólio é uma planta originária do Sul da Europa. O seu cultivo é popular nas regiões temperadas do mundo. O seu cultivo é bastante comum na Bélgica, no Japão e na Hungria.

Valores nutricionais e medicinais

O cerefólio é utilizado como digestivo, diurético, expetorante, oftálmico, cataplasma e estimulante. O cerefólio não é muito utilizado como erva medicinal, embora seja por vezes utilizado como "tónico de primavera" para limpar o fígado e os rins, é um bom remédio para acalmar a digestão e diz-se que tem valor no tratamento da memória fraca e da depressão mental. A planta fresca, colhida imediatamente antes da floração, é digestiva, diurética, expetorante, cataplasma e estimulante. O sumo é utilizado no tratamento da hidropisia, da artrite e de doenças crónicas da pele. As folhas esmagadas são utilizadas como cataplasma para feridas de cicatrização lenta e um cataplasma quente é aplicado em articulações dolorosas. Os extractos vegetais de cerefólio possuem actividades antimicrobianas, antioxidantes e antilipoperoxidantes (Matthews e Haas, 1993). Para além das propriedades nutricionais e medicinais, as variedades de folhas enroladas de cerefólio são as mais populares devido ao seu aspeto atraente.

ALHO-DOCE INDIANO (Lactuca indica L.)
Alface-da-índia, alface-de-leite, alface-silvestre

As folhas da alface indiana são consumidas cruas, cozidas ou cozidas a vapor. Em Taiwan, a alface indiana é cultivada como alimento para gansos (Roemantyo, 1993).

Origem e distribuição

A alface indiana é provavelmente originária das zonas mais quentes da China e do Sul do Japão, onde ocorre em estado selvagem e cultivada. Foi introduzida no Sudeste Asiático, provavelmente por imigrantes chineses, e é relativamente comum na Indonésia e na Malásia (Roemantyo, 1993). A alface indiana foi recomendada para cultivo nas condições tropicais da América (Martin e Ruberte, 1980). Na Índia, é distribuída em Assam, Meghalaya e Sikkim.

Valores nutricionais e medicinais

Para além do seu objetivo habitual como legume de folha comestível, a alface teve várias utilizações na antiguidade como erva medicinal e símbolo religioso. Por exemplo, os antigos egípcios pensavam que a alface era um símbolo de proeza sexual e um promotor do amor e da gravidez nas mulheres. Os romanos afirmavam igualmente que aumentava a potência sexual. Em contrapartida, os gregos antigos relacionavam a planta com a impotência masculina e serviam-na durante os funerais (provavelmente devido ao seu papel no mito da morte de Adónis), e as mulheres britânicas do século XIX acreditavam que causava infertilidade e esterilidade. A alface tem propriedades narcóticas ligeiras; era chamada "erva do sono" pelos anglo-saxões devido a este atributo, embora a L. sativa cultivada tenha níveis mais baixos de narcótico do que os seus primos selvagens. Este efeito narcótico é uma propriedade de duas lactonas sesquiterpénicas que se encontram no líquido branco (látex) dos caules da alface, chamado lactucarium ou "ópio da alface".

Alguns colonos americanos afirmavam que a varíola podia ser evitada através da ingestão de alface e uma crença iraniana sugeria o consumo das sementes quando se sofria de febre tifoide. A medicina popular também a considera um tratamento para a dor, o reumatismo, a tensão e o nervosismo, a tosse e a loucura; não foram encontradas provas científicas destes benefícios nos seres humanos.

Toda a planta é rica numa seiva leitosa que escorre livremente de qualquer ferida. Esta seiva endurece e seca quando em contacto com o ar. A seiva contém "lactucarium", que é utilizado na medicina pelas suas propriedades anódinas, antiespasmódicas, digestivas, diuréticas, hipnóticas, narcóticas e sedativas.

Lactucarium tem os efeitos do ópio fraco, mas sem a sua tendência para provocar perturbações digestivas, nem é viciante. É tomada internamente no tratamento de insónias, ansiedade, neuroses, hiperatividade nas crianças, tosse seca, tosse convulsa, dores reumáticas, etc. As concentrações de lactucarium são baixas nas plantas jovens e mais concentradas quando a planta entra em flor. A sua recolha comercial é feita cortando as cabeças das plantas e raspando o sumo para recipientes de porcelana várias vezes por dia até ao esgotamento da planta. Também se pode utilizar uma infusão da planta florida fresca ou seca. A planta deve ser usada com precaução e nunca sem a supervisão de um médico especializado. Mesmo doses normais podem causar sonolência, enquanto que doses excessivas causam inquietação e overdoses podem causar a morte por paralisia cardíaca. Alguns médicos acreditam que quaisquer efeitos deste medicamento são causados pela mente do paciente e não pelo medicamento. A seiva também tem sido aplicada externamente no tratamento de verrugas.

Lista de outras culturas de saladas subutilizadas

S.No.	Name	Family	Origin	Part used
1.	Wintercress (*Barbarea verna*)	Brassicaceae	Europe	Leaves
2.	Turnip rooted chervil (*Chaerophyllum bulbosum*)	Apiaceae (Unbelliferae)	Southern Europe	Roots

Siemonsma e Piluek, (1993)

CAPÍTULO 7

CULTURAS DE TUBÉRCULOS

As culturas de tubérculos têm um potencial único para produzir mais alimentos por unidade de área, a capacidade de resistir a stresses bióticos e abióticos adversos. Para além de serem uma excelente fonte de hidratos de carbono, podem ser produzidos vários produtos químicos e industriais, como edulcorantes (maltose, frutose, etc.), amidos modificados e produtos fermentados (alimentos, bebidas, álcool, ácidos orgânicos, etc.). Muitas culturas de tubérculos de inhame e aróide contêm um elevado nível de mucilagem com aplicações industriais e medicinais. Muitas espécies de tubérculos são dotadas de um imenso valor medicinal. Tradicionalmente, as tribos têm utilizado os tubérculos para curar várias doenças. A exploração dos conhecimentos preciosos de que dispõem as tribos/agricultores ajudará a explorar a utilização de tubérculos como matérias-primas farmacêuticas. Espécies de tubérculos como a Dioscorea, a Alocasia, o inhame-pata-de-elefante e o Coleus são conhecidas por conterem propriedades medicinais. As culturas de tubérculos incluem todas as plantas que formam tubérculos. Muitas delas produzem tubérculos comestíveis e têm valor alimentar. As culturas de tubérculos de menor importância incluem as culturas de raízes e tubérculos que são comestíveis e cultivadas numa área limitada, sendo também utilizadas de forma limitada. Estas culturas têm muito pouca prioridade no cenário agrícola do país. No entanto, algumas delas têm um elevado potencial e ainda não foram devidamente exploradas.

Batata-doce inhame (Dioscorea bulbifera L.)

É também conhecida como batata-do-ar, inhame aéreo ou inhame com bolbos.

Os tubérculos acastanhados com polpa amarelada são comestíveis. A planta também produz bolbos aéreos que são comestíveis. Os bolbos subterrâneos são geralmente pequenos. Os tubérculos aéreos são cuidadosamente cozinhados ou torrados para destruir os constituintes tóxicos que incluem o alcaloide dioscorina.

Valores nutricionais e medicinais

Valor nutritivo da batata-doce (por 100 g de porção comestível)

S.No.	Constituents	Tubers (1)	Bulbils (2)
1.	Protein	2.5 g	1.4 g
2.	Fat	0.3 g	0.2 g
3.	Fibre	1.0 g	1.2 g

4.	Carbohydrate	24.4 g	18 g
5.	Calcium	20 mg	40 mg
6.	Phosphorous	74 mg	58 mg
7.	Iron	1.0 mg	2.0 mg
8.	Carotene	565 µg	-
9.	Vitamin C	1.0 mg	-

Gopalan et al., (1987); FAO, (1972).

Origem e distribuição

A Dioscorea bulbifera é originária tanto da Ásia como de África. As variedades asiáticas e africanas são ligeiramente diferentes. É sobretudo cultivada nas Antilhas e nas ilhas do Pacífico Sul. O seu cultivo foi registado no Sudeste Asiático (Índia, Malásia, Tailândia, Sri Lanka, Filipinas) (Tindall, 1983).

Inhame amarelo (Dioscorea cayenesis)

É também designado por inhame da Guiné.

Origem e distribuição

[th]Diz-se que o inhame amarelo é originário da região de Dahomey, na África Ocidental, de onde foi introduzido nas Índias Ocidentais no início do século XVI. O inhame amarelo é largamente cultivado na África Ocidental, onde é uma das espécies mais importantes; é também cultivado, de forma limitada, nas Caraíbas. O inhame amarelo ainda não é popular na Ásia ou nas regiões do Pacífico (Platt, 1962).

Valores nutricionais e medicinais

Valor nutritivo do inhame amarelo (por 100 g de porção comestível)

S.No.	Constituents	Amount
1.	Protein	1.5 g
2.	Fat	0.1 g
3.	Carbohydrate	16 g
4.	Fibre	0.6 g
5.	Phosphorous	17 mg
6.	Iron	5.2 mg
7.	Calcium	36 mg

FAO, (1968)

Lista de outras grandes culturas de tubérculos

S.No.	Common name	Botanical name	Origin
1.	Bitter yam	*Dioscorea dumentorum*	Asia
2.	Chinese yam	*Dioscorea opposita*	China
3.	Buck yam	*Dioscorea pentaphylla*	Indo-China
4.	Cush-cush yam or Indian yam	*Dioscorea trifida*	Japan
5.		*Dioscorea nummularia*	South – East Asia
6.		*Dioscorea belophylla*	Himalayas
7.	*Kosa-alu*	*Discorea puder*	Western and Eastern India

Kirtikar e Basu, (1975)

ALBUQUERQUE DE JERUSALÉM (Helianthus tuberosus L.)

A alcachofra de Jerusalém é uma planta da família Compositae (Asteraceae). É uma planta erecta e resistente, cultivada pelos seus tubérculos comestíveis na Europa, em partes da Ásia e nas regiões temperadas de muitas partes do mundo. Os tubérculos assemelham-se às batatas, mas com olhos maiores. Os tubérculos podem ser consumidos crus ou cozidos, em conserva, transformados em batatas fritas ou moídos em farinha. Em termos de valor alimentar, são considerados iguais às batatas.

Origem e distribuição

É originária da América do Norte e foi introduzida na Europa no início do século XVII. Atualmente, esta forma de alcachofra está amplamente distribuída nas regiões temperadas e tropicais. Atualmente, é cultivada de forma limitada nas Caraíbas, na Malásia, na África Oriental e Ocidental, principalmente a grandes altitudes. Na Índia, a alcachofra é cultivada numa área muito limitada, confinada a jardins e nas estações de montanha a uma altitude de 300-800 m. Consta que foi introduzida em Assam, Bengala Ocidental, Uttar Pradesh, Maharashtra, Andhra Pradesh e Himachal Pradesh.

Valores nutricionais e medicinais

Valor nutritivo do topinambos (por 100 g de porção comestível)

S.No.	Contents	Tuber	Green top
1.	Protein	2.0 g	1.4 per cent
2.	Fat	0.1 g	0.3 per cent
3.	Carbohydrate	17.0 g	-
4.	Fibre	1.2 g	4.9 per cent
5.	Calcium	32 mg	0.4 per cent
6.	Phosphorous	88 mg	0.03 per cent
7.	Iron	0.4 mg	-
8.	Potassium	-	0.37 per cent

FAO, (1968).

A alcachofra de Jerasalem tem despertado muito interesse desde que se tornou uma fonte comercial de levulose como agente adoçante para diabéticos. Os tubérculos frescos são cortados em fatias e o sumo é acidificado e aquecido para obter inulina e inulídeos (Ahmed et al., 1991). Os tubérculos também podem ser utilizados para a preparação de álcool industrial por fermentação e bebidas semelhantes à cerveja. Para além da sua utilização no consumo humano e em produtos farmacêuticos, os tubérculos são considerados um bom alimento para o gado. A silagem de tubérculos é um alimento rico e palatável, de boa digestibilidade, comparável à beterraba sacarina em termos de valor alimentar. Os seus caules podem ser utilizados no fabrico de certos tipos de papel a partir da polpa obtida através do tratamento dos caules pelo processo de cloro de soda.

Lista de outras culturas de tubérculos menores

S.No.	Common name	Botanical name	Family	Origin
1.	Coleus or Chinese potato	*Coleus parviflorus*	Labiatae	Ethiopia
2.	The West Indian arrowroot	*Maranta arundinacea*	Marantaceae	Tropical America
3.	East Indian arrowroot	*Curcuma angustifolia*	Zingiberaceae	Central India
4.	Queensland arrowroot	*Canna edulis*	Cannaceae	Tropical America
5.	Zedoary	*Curcuma zedoaria*	Zingiberaceae	Eastern Himalayas
6.		*Vigna capensis*	Leguminosae	

Tindall, (1983).

CULTURAS DE ARVORES

Os Ariods compreendem um pequeno grupo de plantas adaptadas a uma vasta gama de condições ecológicas que existem nos trópicos. Compreende cinco géneros principais: Alocasia, Amorphophallus, Colocasia, Crystospama e Xanthosoma, dos quais Colocasia, Amorphophallus e Xanthosama são cultivados na Índia pelos seus cormos comestíveis. Os tubérculos deste grupo de plantas são utilizados como alimento depois de cozidos ou assados e servidos da mesma forma que a batata. O pseudocaule e as folhas tenras são utilizados como legumes em muitas partes do país.

TARO (Colocasia esculenta)

Entre todas as aróides, o taro é mais comum na Índia. É uma das culturas antigas com uma história interessante que se mistura com a evolução dos sistemas agrícolas.

Origem e distribuição

Pensa-se que o taro é originário do Sudeste Asiático, incluindo a Índia (Watt, 1889, Chang, 1958) e a Malásia.

Valores nutricionais e medicinais

Valor nutritivo do taro (por 100 g de porção comestível)

S.No.	Constituents	Amount
1.	Protein	3.0 g
2.	Fat	0.1 g
3.	Fibre	1.0 g
4.	Carbohydrate	21.1 g
5.	Calcium	40 mg
6.	Phosphorous	140 mg
7.	Iron	1.7 mg
8.	Carotene	24 µg

Gopalan et al., (1987)

O taro é recomendado para doentes gástricos e a sua farinha é boa para a alimentação de bebés. No Havai e na Polinésia, é muito popular um produto fermentado preparado a partir do taro.

inhame-elefante (Amorphophallus paeoniifolius)

O cultivo do inhame pé-de-elefante é bastante limitado à Índia. Geralmente, esta cultura é considerada como fome nas ilhas do Pacífico (Thaman, 1984). O tubérculo do inhame pé-de-elefante contém oxalato de cálcio e oxalato livre, que causam acreção na boca e na garganta. Os tubérculos de Amorphophallus contêm 0,08-0,28 por cento de oxalato de cálcio (Sundaresan e Nambisan, 1982). Os cormos e os caules das folhas são utilizados como vegetais.

Origem e distribuição

O inhame pé-de-elefante é originário da Índia (Choudhury, 1986). O seu cultivo é distribuído na Malásia, Indonésia, Sri Lanka, Filipinas e zonas do Pacífico na Indonésia. Valores nutricionais e medicinais

Valor nutritivo do inhame-elefante (por 100 g de porção comestível)

S.No.	Contents	Amount
1.	Protein	1.2 g
2.	Fat	0.1 g
3.	Fibre	0.8 g

4.	Carbohydrates	18.4 g
5.	Energy	79 kcal
6.	Calcium	50 mg
7.	Phosphorous	34.0 mg
8.	Iron	0.6 mg
9.	Carotene	260 µg

Gopalan et al., (1987)

Lista de outras culturas aróides subutilizadas

S.No.	Common name	Botanical name	Origin	Uses
1.	Tannia	*Xanthosoma sagittifolium*	Tropical South America & Caribbean	Young leaves, shoots and corms are edible
2.	Giant taro	*Alocasia macrorrhiza*	Sri Lanka	Corm and leaf juice used for medicinal purpose
3.	Swamp taro	*Crysptosperma chamissoni*	South -East Asia	Leaves and inflorescence used as vegetable

Tindall, (1983).

Lista de outras plantas menores com tubérculos e rizomas comestíveis

S.No.	Name	Family	Edible part
1.	*Eriosema chinense*	Papilionaceae	Tubers are edible
2.	*Eulophia campestris*	Orchadiaceae	Tuber is used as vegetable
3.	*Pentatropis* (*Pentatropis cyanohoides*)	Asclepiadaceae	Flower used as medicine and sweet tubers are eaten
4.	*Chlorophyllum* (*Chlorophyllum tuberosum*)	Liliaceae	Swollen roots are edible
5.	Chinese water chest nut (*Eleocharis dulcis*)	Cyperaceae	Dark brown, round to onion shaped corms are used as vegetable

Tindall, (1983).

Constrangimentos ao desenvolvimento de culturas hortícolas subutilizadas na Índia

As restrições são:

1)	Falta de sensibilização da comunidade agrícola para o valor nutricional e medicinal das culturas hortícolas subutilizadas.

2)	Falta de investigação.

3)	Falta de sementes e de material de plantação desejáveis.

4)	Aplicação limitada de técnicas agrícolas avançadas nas explorações agrícolas.

5)	Falta de aplicação de tecnologias inovadoras e inéditas, como a biotecnologia e a plasticultura, para aumentar a produtividade.

6)	Falta de práticas de gestão pós-colheita.

7)	Apoios limitados e inadequados à comercialização e infra-estruturas de transporte, armazenamento e transformação.

8)	Fraco reconhecimento destas culturas nos programas de promoção da horticultura.

9)	Disposições institucionais inadequadas e papel limitado desempenhado pelas instituições financeiras na criação de unidades industriais baseadas na agroindústria e na horticultura.

Estratégias para o desenvolvimento de culturas hortícolas subutilizadas na Índia

1) A florestação e o rejuvenescimento das florestas degradadas podem ser efectuados com ênfase no complemento e enriquecimento da biodiversidade das culturas hortícolas comestíveis. Os programas de gestão florestal conjunta devem facilitar a difusão do ITK disponível junto das comunidades locais sobre a recolha e utilização sustentáveis de várias espécies comestíveis.

2) A domesticação de potenciais espécies selvagens através do cultivo em quintais deve ser encorajada para evitar a sobre-exploração das fontes naturais. São necessários apoios em termos de multiplicação de materiais de plantação e da sua distribuição, para além de proporcionar acesso ao mercado através de uma rede de comercialização de produtos perecíveis.

3) As culturas hortícolas subutilizadas são nutricionalmente ricas e adaptadas a uma agricultura com poucos factores de produção. Mais esforços de I & D nestas culturas contribuirão substancialmente para a segurança alimentar e nutricional vis-à-vis o bem-estar humano.

4) É necessário selecionar um número limitado de espécies para investigação e desenvolvimento pormenorizados em culturas hortícolas subutilizadas, através de programas nacionais centrados na sua conservação e utilização. A investigação deve ser orientada tanto para as espécies/culturas importantes para a agricultura de subsistência como para as que apresentam potencial para se tornarem culturas de base.

5) As culturas hortícolas subutilizadas são principalmente cultivadas/geridas no âmbito de sistemas agrícolas tradicionais por diversas comunidades étnicas. É necessária uma maior atenção à documentação dos conhecimentos indígenas, nomeadamente através de estudos etobotânicos. Esta ênfase ajudará a obter mais-valias, uma vez que grande parte da diversidade nativa é utilizada para fins múltiplos.

6) É necessário elaborar estratégias, especialmente a nível nacional e regional, para desenvolver e

disponibilizar selecções/variedades promissoras, superando as limitações da produção de bom material de sementes, material de plantação, material de cultura in vitro/tecido, etc. Deste modo, seria possível aumentar a produção, satisfazer as necessidades locais, promover os mercados internos e, consequentemente, aumentar a geração de rendimentos das pequenas comunidades agrícolas.

7) É necessário efetuar um planeamento sistemático das culturas específicas locais de acordo com a aptidão agro-climática da região.

8) É necessário proceder a uma rápida expansão das infra-estruturas, dando prioridade ao desenvolvimento do mercado, aos transportes e às comunicações.

9) Deve ser dada especial atenção aos programas de produção orientados para a exportação e ao comércio fronteiriço de produtos de elevado valor, como cogumelos, orquídeas e flores cortadas, especiarias, frutos frescos de clima temperado e produtos hortícolas fora de época, sumos de frutos congelados, concentrados, etc.

10) O rendimento e a qualidade destas culturas são fracos, o que prejudica a produtividade. Por conseguinte, é necessário desenvolver alguns critérios para a exploração comercial destas culturas. Os critérios podem ser: produtividade elevada, procura no mercado, ausência de insectos-praga e doenças graves, gestão pós-colheita mais fácil, elevado valor nutritivo e disponibilidade de tecnologia de produção. Por conseguinte, são necessários esforços especiais por parte dos investigadores para desenvolver um pacote de práticas adequadas e específicas para cada local de diferentes culturas hortícolas, incluindo o desenvolvimento de variedades superiores e a conservação dos recursos genéticos.

11) Logo à partida, é necessário sensibilizar a comunidade agrícola para a importância nutricional das culturas hortícolas inexploradas, ou seja, frutos, legumes e plantas medicinais. Para o efeito, os agentes de extensão podem organizar campos/campanhas especiais de sensibilização, exposições, etc., a nível micro e macroeconómico, para transmitir o tema das culturas hortícolas inexploradas. Do mesmo modo, a utilização dos meios de comunicação social, como a rádio, a televisão, os jornais noticiosos e outra literatura impressa, pode desempenhar um papel eficaz na sensibilização dos agricultores.

12) Para uma exploração adequada e melhores rendimentos económicos das culturas hortícolas subutilizadas, deve ser dada ênfase ao desenvolvimento de unidades de transformação nesta área. Tal permitiria igualmente criar oportunidades de emprego para as populações rurais.

13) A erosão genética é um problema muito grave nos produtos hortícolas não tradicionais e muitas raças terrestres extinguir-se-ão se não forem conservadas em breve. Do mesmo modo, é necessária uma tecnologia de produção eficiente e uma gestão pós-colheita para tornar viável o cultivo comercial de produtos hortícolas não tradicionais. A disponibilidade de culturas hortícolas não tradicionais contribuirá muito para superar a subnutrição das pessoas que vivem nestas zonas rurais.

Os legumes subutilizados que não são cultivados, confinados em diferentes tipos de ecossistemas como florestas, lagoas, lagos, rios, terras devastadas, montanhas, etc., devido a várias actividades humanas, estes sistemas estão a perder a sua força natural e cadeia biológica, resultando em condições denovo, inadequadas para a sua existência. Além disso, a introdução generalizada de espécies exóticas com potencial económico viável é outra das principais causas da perda de biodiversidade. A biodiversidade é a força vital da biotecnologia comercial. Os géneros de plantas, animais e microrganismos do mundo em desenvolvimento, em particular, são as matérias-primas estratégicas para o desenvolvimento de novos produtos alimentares, farmacêuticos e industriais. Estamos a perder as opções biológicas de que necessitamos para reforçar a segurança alimentar e sobreviver às alterações climáticas globais.

Se as tendências actuais se mantiverem, até 2050, a produção alimentar poderá não conseguir acompanhar o aumento da procura de alimentos por parte da população em crescimento em muitos países em desenvolvimento. Este "fosso alimentar", a diferença entre a produção e a procura no mundo em desenvolvimento, mais do que duplicará, tornando algumas das pessoas mais pobres do mundo ainda mais vulneráveis à fome e à eventual carestia. Aumentar o interesse pelas espécies negligenciadas e subutilizadas é fundamental para criar um ambiente mais favorável à sua promoção sustentável. Os decisores políticos, os institutos de investigação, o sector privado e os utilizadores em geral devem estar conscientes dos benefícios concretos decorrentes de uma utilização mais ampla destas espécies, incentivando-os a partilhar esforços em torno de objectivos de investigação comuns. A prioridade da investigação deve ser dada ao seu melhoramento genético, à caraterização molecular para encontrar genes responsáveis pela resistência e propriedades nutricionais/medicinais especiais. Uma melhor comunicação com as comunidades locais pode aumentar e melhorar a sensibilização, a importância e a preservação da diversidade destas culturas subutilizadas que estão a desaparecer a um ritmo alarmante devido ao desenvolvimento humano.

O IPGRI está a desempenhar um papel significativo na sensibilização do público entre os parceiros para a realização de trabalho técnico e de desenvolvimento com espécies negligenciadas e subutilizadas. Em condições vulneráveis e com um futuro sombrio, os legumes subexplorados, com um potencial rico em nutrientes e com a capacidade de resistir a condições climáticas adversas, podem revelar-se uma bênção para todos os interessados - produtores, consumidores e ambientalistas, desde que sejam devidamente domesticados. Neste contexto, mais seminários e conferências nacionais e internacionais serão utilizados como oportunidades para sensibilizar as partes interessadas e o público em geral sobre as espécies subutilizadas e negligenciadas.

CAPÍTULO 8

REFERÊNCIAS

Aguiyi, J.C., M.O. Uguru, P.B. Johnson e , C.I. Obi. (1997). Efeito do extrato de sementes de Mucuna pruriens em preparações de músculo liso e esquelético. Fitoterpia, 68 (4): 336-370.

Ahmed, M., B.K. Datta e A.S.S. Rouf. (1991). Derivados de antraquinona, cromona e flavona de Rumex maritimus. Pharmaizie, 46(7): 548-549.

Ahsan, S.K., M. Tariq, M. Ageel, M.A. Alyanya e A.H. Shan. (1989). Estudos sobre alguns medicamentos à base de plantas utilizados na cura de fracturas. Jornal Internacional de Pesquisa de Drogas Brutas, 27(4): 235-239.

Alarcon, A.F.G., G.F. Hermandez, S.A.E. Campos, M.S. Xolpa, V.J.F. Rivas, C.L.F. Vazques, C e P.R. Roman. (2002). Avaliação do efeito hipoglicemiante da Cucurbita ficifolia Bouche (Cucurbitaceae) em diferentes modelos experimentais. Journal of Ethnoparmaclogy, 32(2-3): 185-189.

Anónimo (1991). Komunikasi penelitian dan pengembangan Tanaman Industry, 8:32 - 35.

Anónimo. 2006. ICUC. Relatório anual 2005-2006. Colombo, Sri Lanka. 16 pp.

Arora, R.K. (1995). Genetic Resources of Vegetable Crops in India-diversity and conservation In. Genetic Resources of Vegetable Crops (Recursos genéticos das culturas hortícolas). (Eds. R.S. Rana, P.N. Gupta, Mathura, Rai e S.Kochar). NBPGR, Nova Deli, pp.29-39.

Arora, R.K. e A. Pandey. (1996) Wild edible Plants of India-Diversity. Conservation and Use Indian Council of Agricultural Research, New Delhi.

Balls, E.K. (1975). Early uses of Californian plants. University of California Press.

Bates, D.M., R.W. Robinson, e C. Jeffrey. (1990). Biology and utilization of the Cucurbitaceae. Cornell University Press. Ithaca, Nova Iorque.

Berry, J.W., C.W. Weber, M.L. Droher e W.P. Bemis. (1976). Composição química da cabaça de búfalo, uma potencial fonte de alimento. Journal of Food Science, 41(2): 465-466.

Bharathi, L.K., G. Naik, V. Pandey e D.K. Dora (2006). Melothria (Solena amplexicaulis (Lank) Gandhi, uma cultura hortícola rara que merece atenção. In National Symposium on Underutilized Horticultural crops held at IIHR, Bangalore on 8th and 9th June, 2006, pp. 104.

Boonkerd T, B. Songkhla e W. Thephuttee. (1993). Solanum torvum Swartz (In) PROSEA. Plant Resources of South East Asia. Vol. 8. (EDs). Siemonsma, J.S. e Piluek, K. Pudoc Scientific Publishers, Wageningen.

Bown, D. (1995). Encyclopedia of herbs and their uses. Dorling Kindersley, Londres, ISBN 075020-31.

Chandrasekar, B., B. Mukherjee e S.K. Mukherjee. (1989). Potencialidade de redução do açúcar no sangue de plantas Cucurbitaceae selecionadas de origem indiana. Indian Journal of Medical Research, 90: 300-305.

Chang, T.K. (1958) Dispersão do taro na Ásia. Ann. Ass. Amer Geogr., 48: 255-256.

Chavan, J.K., S.S. Kadam e D.S. Salunkhe. (1989) Chickpea. In Hand Book of World Food Legumes. Vol. -1. Nutritional chemistry, processing technology and utilization (D.K.Salunkhe e S.S.Kadam eds). CRC

Press Boca Raton, Flórida, p.247.

Dabi, L.E., E. Jambor, B. Danas e P. Tetenyi. (1991). Composição química e atividade biológica da cultura de Rumex crispus L.. Herba Hungarica, 30(1-2): 91-97.

Decoteau, D.R. (2000). Vegetable crops. Prentice Hall, Upper Saddle River, N.J., 07458.

Dent, F.J. (1980). In priorities for alleviating soil related constraints to food production in the tropics, 79-107, IRRI.

Dong, M.Y., M.Z. Lu, Q.H. Yin, W.M. Feng, I.X. Xu e W.M. Xu. (1995). Um estudo sobre o conteúdo de Benincasa hispida eficaz para a proteção dos rins. Liangsu Journal of Agricultural Science, 11(3): 46-52.

Duke, J.A. (2000). Handbook of edible weeds (Manual de ervas daninhas comestíveis). CRC Press, Bocaraton, Londres, Nova Iorque, Washington, DC.

Dutta, O.P. (1994). Diversidade genética em cucurbitáceas. Chow-chow. Indian Horticulture, 38(4).

El-Rahim, M.I.A., Tawfeek, M.I., Abdel Samee, A.M., Marai, I.P.M. e Metwally, M.K. (1998). Nova cultura forrageira para a agricultura egípcia. Primeira Conferência Internacional sobre Produção Anual e Saúde em Áreas Semiáridas. El Arish, Egito, 1-3 de setembro de 1998. pp 87-109.

FAO (1968). Food composition table for use in Africa, FAO e US Department of Health, Education and Welfare, Bethesda, Maryland.

FAO (1972). Food composition, Table for use in East-Asia, FAO, Roma.

FAO-US PHS (1988). Tabela de composição dos alimentos para utilização em África. FAO US Depth Health, Education and Welfare.

Fucciola, S. (1990). Cornucopia-A source Book of Edible Plants. Kampong Publications, Vista, CA 678 pp.

Fujii, Y. (1990). Mucuna of the Leguminosae (1) A reassessment of its value and new possibilities. Agricultura e Horticultura, 65(7): 835-840.

Gautum, P.L. e Ganogopadhyay (1998). Bio-diversity and Genetic Resources of Vegetable Crops (Biodiversidade e recursos genéticos de culturas hortícolas). In Souvenir Emerging Scenario in Vegetable Res. and Development. 12-14 de dezembro. 1998. Ed. G. Kalloo.

Ghosh, S.P. e G. Kalloo (2001). Genetic resources of indigenous vegetables and their uses in South Asia (Recursos genéticos de produtos hortícolas indígenas e suas utilizações no Sul da Ásia). Technical Bulletin 4, Indian Institute of Vegetable Research, Varanasi.

Gildemacher, B.H., G.J. Jansen e K. Chayamarit (1993). Trichosanthes L. Em PROSEA Plant Research of South East 8. Vegetables (Eds. Siemonsma J.S. e Pileuk, K.). Pudoc Scientific Publishers, Wageningen.

Relatório do Índice Global da Fome (2011). Instituto Internacional de Investigação sobre Políticas Alimentares (IFPRI).

Gopalan C., B.V. Rama Sastri e Balasubramanian. (1987). Nutritive value of Indian Foods (Valor nutritivo dos alimentos indianos).

Instituto Nacional de Nutrição. Conselho Indiano de Investigação Médica, Hyderabad, Índia.

Gopalan, G., B.V. Rama Sastri e S.C. Balasubramaniam. (2004). Nutritive Value of Indian Foods, Instituto Nacional de Nutrição, ICMR, Hyderabad-500 007: Índia.

Gopalan, G., B.V. Rama Sastri, S.C. Balasubramanian, B.S.N. Rao, Y.G. Deosthale e K.C. Pant (1999). Nutritive value of Indian Foods (Valor nutritivo dos alimentos indianos). Instituto Nacional de Nutrição, Hyderabad.

Gowda, P.H.R., K.T. Shivasankar, K.T. e J.V.N. Gowda. (1989). Uma nota sobre quimera em chowchow (Sechium edule). Crop Research. Hisar, 2(2): 233-234.

Grover, J.K., G. Adiga, V. Vats e S.S. Rathi. (2001). Os extractos de Benincasa hispida impedem o desenvolvimento de úlceras experimentais. Journal of Ethnopharmacology, 78(3): 159-164.

Hutchings, A., A.H. Scott, G. Lewis e A.B. Cunnigham. (1996). Zulu Medicinal plants, an overview. University of Natal Press, Pietermartizburg.

Joy Larkcom (1981). The vegetable garden displayed. The Royal Horticultural Society, 80, Vincent Square, Londres.

Kaminski, B., K. Czucha, K. Glowniak, W. Sawicka, D. Szaniawska-Dekundy. (1982). Determinação de inulina em drogas vegetais. Farm Pol, 38(11): 561-562.

Karawya, M.S., N.M. Ammar e S.Y. Alokbl. (1994). Estudos sobre o guar como agente hipoglicémico. Egyptian Journal of Food Science, 22(1): 1-12.

Khan, T.N. (1993). [Psophocarpus tetragonolobus (L.) DC.]. In: PROSEA Plant Resources of South-East Asia. 8, Vegetables, Pudoc Scientific Publishers, Wageningen.

Kirtikar, K.R. e B.D. Basu. (1975). Indian Medicinal Plants. 4 Vols 2nd ed. Jayyed Press, Nova Deli.

Kooi, G. (1993) [Canavalia gladiata (Jacq.) DC.] In PROSES. Plant Resources of South East Asia-8 Vegetables. J.S. Siemensma e Kasem Piluek (eds). Pudoc Scientific Publishers, Wageningen.

Kupicha, F.K. (1977). A determinação da tribo Viceae (Leguminosae.) e a relação de Cicer: Botanical Journal of the Linnean Society, 74: 131-162.

Lackey, J.A. (1981). Tribo 10 Phaseoleae. In Advances in Legume Systematics. pp.301-327 (eds. R.M. Polhill e P.H. Raven), Kew Royal Botanical Garden, Edinburgh, 34: 201-202.

Letchamo, W. e A. Gosselin. (1995). Crescimento da raiz e do rebento e teor de clorofila de proveniências de Taraxacum officinale afectados pela desfoliação e desbaste em cultura biológica e hidropónica. Journal of Horticultural Science, 70(2): 279-285.

Makkar, H.P.S., B. Singh, S.K. Vats e R.P. Sood. (1993). Total phenols, tannins and condensed tannis in different parts of Rumex hastatus. Bioresource Technology, 45(1): 69-71.

Martin, F.W. e R.M. Ruberte. (1980). Techniques and plants for the tropical subsistence farm. Agricultural Review and Manuals, Science and Education Administration, Estados Unidos, Departamento de Agricultura No. ARM-9-8, 56 pp.

Matsuda, H., T. Dohi, S. Nishiguchi, J.J. Iwamura e M. Kubo. (1987). Efeitos da insulina de drogas brutas sobre a atividade fitocística do sistema reticuloendotelial do rato. Yakugaky Zasshi, 107 (6): 429-434.

Matthews, P.D. e G.J. Haas. (1993). Atividade antimicrobiana de algumas plantas comestíveis (Nelumbo nucifera) café e outras. Journal of Food Protection, 56(1): 66-68.

Maurya, K.R. (1976). Sweet gourd-A neglected vegetable. Indian Horticulture, 21(1): 11.

Messiaen, C.M. (1992). The Tropical Vegetable Garden. The Mac Millan Press Ltd., Londres e Basing stoke.

Moerman, D. (1998). Native American Ethnobotany. Timber Press, Oregon.

Mohan, L., S.C.M. Bose e S. Nagalakshmi. (2000). Pepino: uma nova introdução na Índia. Indian Horticulture, 45 (2): 4-5.

Montoro, P., V. Carbone, F.de. Simone, C. Pizza, N. De. Tommasi, F. De Simone e N. Tommasi. (2001). Estudos sobre os constituintes dos frutos de Cyclanthera pedata: isolamento e elucidação da estrutura de novos glicosídeos flavonóides e sua atividade antioxidante. Journal of Agricultural and Food Chemistry, 49(11): 5156-5160.

Murakami, T., K. Kohno, A. Kishi, H. Matsuda e M. Hoshikawa. (2000). Alimentos medicinais, estruturas estéreo absolutas de Canavalioside, um novo diterpeno glicosídeo do tipo enta Kaurane, e gladiatosídeos A1, A2, A3, B1, B2, B3, C1 e C2, agora glicosídeos flavonais acilados, do feijão espada, a semente de Canavalia gladiata. Boletim Químico e Farmacêutico, 48(11): 1673-1680.

N.I.H. (1961). Table de composicion de Alimentos para USO an America Latina. Instituto Nacional de Saúde, Washington, Dc.

Ng, T.B., W.W. Li e H.W. Young (1986). Uma fração de esterilglicosídeo com atividade hemolítica dos tubérculos de Momordica cochinchinensis. Journal of Ethnopharmacology, 18(1): 5561.

NRC (1989). Conselho Nacional de Investigação, 1989.

Padulosi, S., T. Hdgkin, J.T. Williams e N. Haq. 1999. Underutilized Crops. Trends, Challenges and opportunities in the 21st century (Tendências, desafios e oportunidades no século XXI). IPGRI, Roma.

Parmar, C. e M.K. Kaushal. (1982). Wild fruits of the Sub-Himalayan Region. Kalyani Publishers, Nova Deli, Ludhiana.

Paroda, R.S., P. Kapoor, R.K. Arora e Bhagmal (1988). Espécies de plantas de suporte de vida: Diversity and Conservation. Gabinete Nacional de Recursos Genéticos Vegetais, Nova Deli.

Patole, A.P., V.V. Agte e M.C. Phodnis. (1998), Effect of mucilaginous seeds on in vitro rate of starch hydrolysis and blood glucose levels of NIDDM subject: with special reference to garden cress. Journal of Medicinal and Aromatic Plant Sciences, 20(4): 1005-1008.

Petri, G., E. Lemberkovics, L. Lelik, G. Vitanyi e D. Palevitch. (1993). Composição do óleo essencial de cerefólio selvagem na Hungria. Ata Horticulture, 344: 52-62.

Platt, B.S. (1962). Tabela de valores representativos de alimentos comummente utilizados em países tropicais. Medical Research Council Spec. Res. Series No. 302, HM90, Londres.

Popov, A.J. e K.G. Gramov. (1993). Composição mineral das folhas de dente-de-leão. Voprosy Pitaniya, 3:57-58.

Pushalatha, P.B., C. Narayanakutty e K. Kochurani. (2006). Avaliação de tipos de melão instantâneo (Cucumis melo var. momordica) quanto ao valor nutritivo e desenvolvimento de produtos. In Abstracts of National Symposium on Underutilized Horticultural Crops, realizado no I.I.H.R., Bangalore, de 6 a 9 de junho de 2006, p.120.

Rastogi, R.P. e B.N. Dhavan. (1982). Research on medicinal plants at the Central Drug Research Institute,

Lucknow (India). Indian Journal of Medical Research. 76 (Suppl.27-45).

Rathi, R.S., B.S. Faquat e G.D. Sharma. (2002) Madhumeh mei labhkari sabzi kakoda (Hindi). 24(4): 6-7.

Rebeiro, R., A. De, F. Barros, De Fiuza, De Melo, M.M.R., C. Muniz, S. Chieia, W.M.D. Gomes e C. Trolin. (1988). Efeito diurético agudo em ratos conscientes produzido por algumas plantas medicinais utilizadas no estado de São Paulo, Brasil. Revista de Etnofarmacologia, 24 (1): 19-29.

Robinson, R.W. e D.S. Decker-Walters. (1996). Cucurbits. CAB International.

Roemantyo (1993). Lactuca indica L. Em PROSEA. Plant Resources of South-East Asia 8 Vegetables (eds.) Siemonsma, J.S. e Piluek, K. Pudoc Scientific Publishers, Wageningen.

Roodt, V. (1998). A série de guias de campo de conchas: Parte II. Flores silvestres commaon do Delta do Oka van go, usos medicinais e valor nutricional. Russel Friedman Books, Halfway House, África do Sul.

Roxas, V.P. (1993). Cucurbita ficifolia Bouche In PROSEA : Plant Resources of South-East Asia. 8. Vegetables Pudoc Scientific Publishers, Wageningen.

Sauer, J. (1964). Revisão de Canavalia. Brittonia, 16: 108-181.

Sauer, J. e Kaplan, J. (1969). Canavalia beans in American prehistory. American Antiquity, 34: 417-423.

Schmidtlein, H. e K. Herrmann. (1975). Os ácidos fenólicos dos vegetais. 4. Ácidos hidroxicinâmicos e hidrobenzóicos de mais alguns legumes e batatas. Zeitschriftfur. Lebensmittel-Untersuchung and-Forschung, 159 (5): 255-263.

Sharma, G. e M.C. Pant. (1988). Effect of feeding Trichosanthes dioica (parval) whole fruits on blood glucose, serum triglyceride, phospholipids, cholesterol and high density lipo protein cholesterol levels in the normal albino rabbit. Ciência Atual, 57(19): 10851087.

Siemonsma, J.S. e K. Pileuk. (1993). Plant Resources of Soth-East Asia, No.8 Vegetables. Pudoc Scientific Publishers, Wageningen.

Singh H.B. e R.K. Arora. (1978). Wild Edible Plants of India (Plantas silvestres comestíveis da Índia). ICAR, Nova Deli.

Singh, N. e P. Joshi. (1993). Kheera vargiy sabzia. ICAR, Nova Deli.

Singh, R.P., A.B. Abidi e R.N. Kewet. (2001). Biochemical variability of pointed gourd (Trichosanthes dioica Roxb.). varieties. Vegetable Science, 28(1): 86-87.

Singh, U., A.M. Wadhwani e B.M. Johri. (1963). Dictionary of Economic Plants in India (Dicionário de Plantas Económicas da Índia). ICAR, Nova Deli, Índia.

Singh, U., A.M. Wadhwani e B.M. Johri. (1983). Dicionário de Plantas Económicas da Índia. I.C.A.R., Nova Deli.

Sinha, S., B. Debnath e R.K. Sinha. (1996). Karyological studies in dioecious Momordica cochinchinensis (Lour.) with reference to average packing ratio. Cytologia, 61(3): 297300.

Smart, J. (1990). Leguminosas de grão: Evolution and genetic resource. Cambridge University Press, Cambridge.

Smith, C.J., M.S. Rosman, N.S. Levitt e W.P.U. Jackson. (1982). Biscoitos de guar em dietas para diabéticos. South African Medical Journal, 61 (6): 196-198.

Souza, H.B.A., P.A. Souza, R.R. Faleiros, e J.F. Durigan. (1991). Caraterísticas físicas e avaliação química e bioquímica de sementes de Mucuna deeringiana. Alimentose-Nutricao, 3(2): 29-38.

Splittsloesser, Walter E. (1990). Vegetable Growing Handbook (Manual de cultivo de hortaliças). Publicação AVI, Van Nostrand Reinhold, Nova Iorque.

Sundaresan, S. e B. Nambisan. (1982). Teor de oxalato de cálcio em aroides comestíveis e o efeito na acidez. Resumos, Conferência Internacional de Alimentos, Bangalore.

Thakur, N.S.A., Y.P. Sharma e R.S. Barwal. (1988). Cultivo de tomate de árvore em Meghalaya. Indian Farming, Fev. 1988. I., p.3.

Thaman, R.R. (1984). Intensificação do cultivo de aróides comestíveis nas ilhas do Pacífico. Em Chandra, S. Ed. Claredon Press Oxford, pp.102-122.

Banco Mundial (2009). Recuperado em 2009-03-13. "Relatório do Banco Mundial sobre desnutrição na Índia"

Tindall, H.D. (1983). Vegetables in the Tropics (Legumes nos Trópicos). The Mac Millan Press Ltd., Hound mills, Basing stoke, Hampshire.

Vaishnav, M.M. e K.R. Gupta. (1995). Uma nova saponina das raízes de Coccinia indica. Fitoterpia, 66(6): 546-547.

Vaishnav, M.M. e K.R. Gupta. (1996). Ombuin 3-0-arabinofuranoside from Coccinia indica. Fitoterpia, 67(1): 80.

Van der Maesen, L.J.G. (1984). Taxonomy, distribution and evolution of the chickpea and its wild relations, pp. 95 - 104. (in) Genetic Resources and their Exploitation - Chickpea, Faba beans and Lentils, (Eds. I.R. Witcombe e W.Erskine), Martinus Nijhoff/Dr. W. Junk Publishers, Haia, Países Baixos.

Venkateswaran, S. e J. Pari (2003). Efeito do extrato de folha de Coccinia indica no antioxidante plasmático em diabetes experimental induzida por estreptozotocina em ratos. Phytotherapy Research, 17(6): 605-608.

Verdcourt, B. e P.A. Holliday. (1978). Uma revisão de *Psophocarpus* (Leguminosae - Papilionaceae - Phaseoleae). Kew Bulletin, 33 (2): 191-27.

Verheij, E.W.M. e R.E. Coronel. (1991). Plant Resources of South-East Asia, No.2 Edible Fruits and Nuts. Pudoc Scientific Publishers, Wageningen.

W.O.I. (1948-76). The Wealth of India Iivols. Conselho de Investigação Científica e Industrial, Nova Deli.

Walz, H. (1891). Fluckiger Pharma Cognosie des Pflanzenreichs, 3rd ed.

Watson, R.T. e V.H. Heywood (1995). Global Biodiversity Assessment: Summary for Policy Makers. Cambridge University Press.

Watt. J.M. e M.G. Breyer Brandwijk. (1962). Medicinal and poisonous plants of Southern and Eastern Africa, Edn.2. Livingstone, Edinburgh & London.

Whitaker, T.W. e R.J. Knight. (1980). Coleção de cucurbitáceas cultivadas e silvestres no México. Economic Botany, 34(4): 312-319.

WOI (1969). Wealth of India. C.S.I.R., Nova Deli.

WOI (1972) Wealth of India. Raw Materials, Vol. IX. Direção de Publicação e Informação, CSIR, Nova Deli

Yadav, R.N., e Y. Sayeda. (1994). Um novo glicosídeo de flavona das sementes de Trichosanthes anguina.

Fitoterpia, 65 (6): 554.

Yamaguchi, Mass (1983). Vegetais do Mundo: Princípios, produção e valores nutritivos. Publicação AVI. Van Nostrand Reinhold 115 fifth Avenue, Nova Iorque.

Yaniv, Z., D. Schafferman e Z. Amar. (1998). Utilizações tradicionais e biodiversidade da rúcula (Eruca sativa, Brassicaceae) em Israel. Economic Botany, 52(4): 394-400.

Zhong, D.N. e F.T. Halaweish. (2003). Isolamento e identificação de foetidissimin: uma nova proteína inactivadora de ribossomas de Cucurbita foetidissima. Plant Science, 164(3): 387393.

www.new-ag.info

www.altnature.com

www.herbsnspicesinfo.com

I want morebooks!

Buy your books fast and straightforward online - at one of world's fastest growing online book stores! Environmentally sound due to Print-on-Demand technologies.

Buy your books online at
www.morebooks.shop

Compre os seus livros mais rápido e diretamente na internet, em uma das livrarias on-line com o maior crescimento no mundo! Produção que protege o meio ambiente através das tecnologias de impressão sob demanda.

Compre os seus livros on-line em
www.morebooks.shop

Printed by Books on Demand GmbH, Norderstedt / Germany